新版

図解

はじめよう！「パン」の店

株式会社シズル
藤岡千穂子

同文舘出版

はじめに

パン店開業を全面的にサポートする！　それが本書『新版　図解　はじめよう！「パン」の店』です。

本書は、ワクワクする夢、目標を持ったパン店開業へ「自信を持てること」、そして、お客様に選ばれるパン店として継続し、「売上、利益を上げる原理原則」を1冊にまとめたものです。

「何のためにパン店を開業をするのか」「パンづくりを通じて社会にどんな貢献をするのか」。このことが、はっきりとすれば、開業への道は、一歩一歩、確実に見えてくるでしょう。

平成14年に『はじめよう！「パン」の店』を発行してから10年以上経ち、ベーカリー業界、そして、私たちの生活スタイルは激変しています。開店すればお客様が来店してくれる時代は終わり、今は「お客様に選ばれるパン店」になることが必要になりました。

おいしいパンがつくれることだけでは、パン店は成功しません。開業後も地元のお客様に必要とされるパン店に育っていくことが、商売をするうえで最も大切なことです。

1章と2章では、お客様が求めるパン店、繁盛店の共通点について解説し、開店の心臓部分となる基本コンセプトを明確にしています。

3章は、繁盛するために必要な経営者の条件を明記しており、身につけ、習慣としてください。

4章～6章では、お客様に選ばれるパン店の商品・店づくり、運営の具体的取り組みについて述べました。まるで開店している様子をイメージできると思います。

7章～8章は、開店に必要な数値計画やスケジュールの実践ツールや、人の採用・育成の方法について解説しています。開店準備に活用ください。

9章と10章では、開店時、開店後の継続的な営業をしていくための売上アップの具体策の事例を公開します。

本書は、次のような方々にぜひ読んでいただきたいと思っています。

・自分の夢、目標を実現したい！　と思っている方
・これからパン店を開業したいと思っている方
・現在パン店で働きながら、将来は独立開業したいと思っている方
・なんとなく、将来商売をしてみたいなあと思っている方
・開業したものの、うまくいかず、継続の難しさを感じ、なんとかしたいと思っている方

本書の内容を実践することで、目をキラキラと輝かせて開業の話をしているあなたが、「開店を成功」させ、そして、「開店後も継続的に経営がうまくいくこと」を願っています。

本書の原理原則を確実にコツコツと取り組んでみてください。そうすれば、必ず成果は上がります。

株式会社シズルは創業から10年目を迎えます。前職の船井総合研究所にいた時から通して27年間、パン店の支援活動を続けて参りました。たくさんの方々のご支援のおかげです。心から深く感謝申し上げます。

まずは、出版のチャンスをくださった同文舘出版の古市達彦さんと、出版を応援してくださった宮内亨さん、佐藤等先生、ＰＯＰスターの沼澤拓也先生。

次に、パンの仕事のご縁をくださったパリーネの辻岡オーナー、永らく力強く応援してくださっているどんぐりの野尻会長と奥様、クロワッサンの橋爪社長、ダーシェンカの小倉オーナー、リクローの西村社長。

そして、繁盛店経営者から刺激を受けているカスカードの入江社長、ツオップの伊原オーナー、山重の山崎社長、レ・プレジュールの織田社長、パン・アキモトの秋元社長、パイニイの松野社長。

本書に、ご協力、ご支援いただいた全国各地のパン店の皆さん、関係各社の皆さん。

陰ながら全面的、応援してくれた骨太経営のグループのみんな。

本当に、心から感謝しています。

平成27年6月

——１００年繁盛店を創る——楽しく儲かるパン店づくりを全面的にサポートする

シズル　藤岡千穂子

新版 図解 はじめよう！「パン」の店 ◆目次◆

3章 繁盛店づくりに必要な経営者の条件

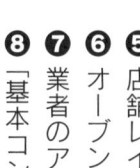

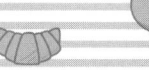

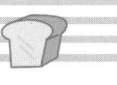

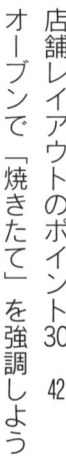

4章 一番商品づくりと独自の商品構成

5章 繁盛パン店づくりのための店舗経営のしかた

6章

お客様に選ばれるパン店になるための12の仕組み

7章 開業ノウハウのすべて

8章 すぐに使える必須ツール

9章

繁盛店の「おもてなし」サービスの取り組み

10章 繁盛店づくりのための販売促進＆売場づくり

カバーデザイン／新田由起子（ムーブ）
本文デザイン・ＤＴＰ／ダーツ
本文イラスト／内山良治

1章

売れる！　儲かる！
お客様に選ばれる！
パン店をつくろう

1 日本人のライフスタイルに合った、変化し続けるパン

日本人のライフスタイルに合ったパン

現在パンの市場規模は、１兆３８１０億円（２０１１年度　矢野経済研究所調べ）。そのうち、量販店・コンビニエンスストアでの売上が6割を占めます。そして、パンの豊富な種類の中でも、菓子パン＝甘いパンは、売上構成比4割を超え、年々大きくなっています。このことは、セブンイレブンをはじめとするコンビニエンスストアの品揃えを見てもわかります。

私たちの生活スタイルの変化に沿うように「パン食生活」も変化しています。しかし、景気の変動がある中でもパン業界は安定感があります。それは、パンが私たち日本人のライフスタイルと環境の変化に適した食品だからです。キーワードは、「便利・手軽・ボリューム・ご馳走感・さまざまな動機に対応する」という点です。

親は共働き、子どもたちは塾通い。忙しく時間に追われた生活。結婚適齢期は伸びる傾向で一人暮らし、単身赴任も多い。少子高齢化で、一世帯当たり人数は少ない。シニア層はお金と時間を有効に使う。朝はご飯派とパン派とすれば半数ずつ。ランチとなれば、米よりパンを食べる人が多いのです。

変化するお客様と共に、変化し続ける有望なビジネス＝パン店

パンのマーケットサイズ（一人当たり1年間で消費する金額のこと）は、１万１０００円。ここ約10年間は変動がありません。ここで、パン店の売上をイメージしましょう。オーブンフレッシュベーカリー（店内にパン焼き窯があり、焼きたての製品を売るパン店）であれば、商圏人口（商売をするのに必要なお客様の数）が3・5万人の場合、年商1億円が見込めます。日販30万円です。

お客様の成熟により、個人の好みがはっきりしている、鮮度よいものを求める、大量でなく必要な量だけを買う、パンだけでなくそれをおいしく食べるための提案を求める、という時流があります。その代表商品は、各コンビニエンスストアの高級食パンです。

このように、パン製造の視点だけでなく、お客様の視点に立った店なら、ビジネスチャンスがあります。これまでのパン製造販売に限らず、ベーカリーカフェやベーカリーレストランといった食べる空間を持った店も有望です。

進化し続けるパン店

2 食パンは「ごはん」、調理パンは「おかず」、甘いパンは「おやつ、デザート」

消費者に求められるパンをつくろう

パンを代表するものは、なんといっても食パンです。食パンは「ごはん」と同じ位置付けです。毎日食べるものですから、安心・安全なこと、お手頃な価格でおいしいことなどが条件です。

食パンに求められることは、①焼きたてであること、②添加物を使っていないこと、③甘味があること、④ソフトでしっとり感があること、この4つに整理されます。

最近では、天然酵母や内麦粉（国内産麦）、そして、石臼で引いた石びき粉を使用するなど、素材や製法にこだわるようになってきています。

ここでの最大のポイントは「焼きたて」です。つまり、鮮度の高いパンということです。

焼き込み調理パンは、ひと口目が勝負

焼き込み調理パンは、惣菜とパンを合体させたものです。カレーパン、コロッケパンなどが代表です。

焼き込み調理パンの場合は、そのひと口目から、具材が口にできるかということが大切です。

お客様が調理パンに期待するのは〝具材〟です。具材はいわば、日替り定食のおかずのようなものです。ですから、パン全体を１００とした場合、具材の量が50~60を占めるように商品開発をしていきます。

種類によって、期待されるポイントは異なる

菓子パンの代表は、あんパンやメロンパンなどです。またデニッシュパンは、バターたっぷりでサクサクとしたパン生地と各種のクリームやフルーツ類と合体させたものです。これは、「ペストリー」ともいわれています。これらの共通点は「甘い」ということです。

このように菓子パンの場合には、甘いということが期待されているため、具材であるあんやクリームの量が多いことが肝心です。また、見た目にも、わかりやすい形の工夫が必要です。

お客様の「甘くなくておいしい」の言葉を信じてはいけません。「甘いものは甘い」がお客様の本音です。

このように、パンの種類によって期待されるポイントは異なり、それを追求した商品をお客様に提示できれば、食生活の多様化に対応でき、お客様に喜ばれるパン店になるということがわかります。

消費者に求められるパンとは

3

投資は小でも儲けは大。パン店は儲かる商売ができる

投資回転率３・０以上の儲かりやすい商売

投資回転率とは、目標年商÷投資のことです。数値が高いほうが儲かりやすいという意味です。「1」を切ると、商売は厳しくなります。一般的には、2回転は必要とされています。

たとえば、投資が１０００万円で目標年商が３０００万円とすると、投資回転率は「3」になります。逆にいうと、目標とする年間売上の3分の1を投資すればよいということになります。

少ない投資でも、大きな売上を獲得しやすいのがパン店です。

パン店の場合、大きな投資は絶対に避けるべきです。投資は極力抑え、ローコストに仕上げます。しかし、貧弱な店舗でよいというわけではありません。

小投資でも繁盛店づくりのコツを知り、それを店づくりに活かすことができればよいのです。ポイントは、「一点豪華主義」です。詳しくは2章で述べます。

小投資をして、2〜3年毎のミニリニューアルを

繁盛店をつくるためのポイントは、毎年の小投資です。

その理由は、お客様（消費者）は成熟していく、という点にあります。一般に、購買経験（買い物）が増せば増すほど、買うことに対する興味や興奮、感動は、反比例して少なくなっていきます。ことに、日常的な食品を扱う店舗の場合、それは顕著です。

繁盛店であり続けるためには、次の3つのポイントを提供し続けることが必要です。

①味
②興奮
③感動

そのために、店舗、商品、サービス、売場の変化が必要になってきます。この変化のために、小投資をしていくのです。

また、店舗では最低限、保たなければならないことがあります。それは、照度（店頭・店内の明るさ）を７００ルクスにキープすることです。明るい店づくりのために、電球の交換は必ず定期的に行ないましょう。

以上のことは、2号店以降をつくる場合にも共通していえることです。

繁盛店になるための３つのポイント

4 「繁盛店づくりの原則」を実践すると素人でも成功する

覚えておきたい6つの原則

繁盛店づくりには6つの原則があります。これを知ったうえで商売を始めるか、知らずに始めるかでは、天と地ほどの差が出てくるので必ず押さえましょう。

それぞれの詳しい内容については後述しますが、ここでは、以下の6点が繁盛店経営のカギになることを覚えておいてください。

①品揃えの原則

商品の品目数を決める時に使います。目標売上に応じて、その品目数は変わります。

②価格構成の原則

パンの値付けや繁盛店にするための価格構成・商品構成に役立ちます。立地に応じて価格構成は変わるものです。

③一番商品づくりの原則

一番商品とは、一番大きな売上が見込める、店を代表する商品＝名物商品で、繁盛店になるためには必ず持たなければなりません。

④主力商品づくりの原則

その店がどの商品に強いか＝「何屋さん」であるかをお客様に理解していただくために必要なものです。

⑤売上アップの原則

あなたの店を繁盛店にするためには、売上を上げるためのコツやルールがあります。それを整理したものを「原則」といいます。この売上の原則にしたがわなければ、繁盛店であり続けることは難しいでしょう。

⑥地域一番店づくりの原則

これは、マーケティングの原則にしたがったうえで、繁盛店にするためのコツを整理したものです。テーマは、地域密着型で商売を考えることです。

原則を素直に実行してみよう

集客力は商品力に負うところが大きいものの、パンがおいしいだけでは繁盛しないのも真実です。店を経営するにあたっては、商売の基本と繁盛の原則があります。

今、持っている技術力に、この原則を掛け合わせることができる人が、本当の経営者になれるのです。パン店の開業にあたり、一職人から一人の経営者にならなければ、パン店の成功はあり得ません。ぜひ、これらの原則を知り、それに取り組んでいってください。

繁盛店づくりの6つの原則

5 小さな店でも、大きな売上が期待できる魅力的な商売

パン店の坪効率は、洋菓子店、和菓子店、飲食店よりも高い

売上目標の立て方には、大きく分けて２通りの方法があります。１つ目は、坪効率（売場１坪当たりの売上）から、そして２つ目は、商圏人口、マーケットサイズ、シェアという３つの数字を使った算出方法です。

ここではまず、坪効率について述べていきます。

・坪効率＝年商（目標売上）÷売場坪数

坪効率の目安は、左表の通りです。

この数字は、同系統の商売である洋菓子店や和菓子店の坪効率より、はるかに高い数値です。また、他の飲食店の坪効率と比べても非常に高いものとなっています。

つまり、小さな坪数での商売には、パン店が適していることがわかります。

売場坪数４坪の一般店の場合、年商２４００万～４０００万円が見込めます。経営者、正社員１名（家族経営）、そして数人のパート、アルバイトで成り立ちます。この年商２４００万円を切ると、経営は少し厳しくなると考えてください。目標は日販10万円です。３００日営業で、年商３０００万円です。

この売上を上げるには、７５０万円の坪効率が必要です（年商３０００万円÷４坪＝坪効率７５０万円）。

売場面積４坪の店の目安

売場面積４坪のイメージは、間口２間×奥行き２間（１間は１・８メートル）で、その奥に、奥行き４間８坪の工場、あるいは、店舗全体で12坪、間口３間×奥行き４間といった具合です（左ページ下図①②）。

繁盛店にしていこうと思えば、間口が重要です。広い間口というのがひとつのポイントになります。

間口にはパン棚などは配置せず、全体的にガラスで仕上げます。店頭に立ったところから店の奥まで、店全体が見通せるようになっていることが望ましいからです。

次に、中型の店舗サイズのイメージを整理してみましょう。売場面積８坪＋工場16坪＝合計24坪（目標年商４８００万～６４００万円）、あるいは、売場面積12坪＋工場24坪＝合計36坪（目標年商７２００万～９６００万円）となります。

店の広さと目標売上を考えよう

●パン店の坪効率の目安

超繁盛店	1300万円以上／年
繁盛店	1000万円以上～1300万円未満／年
一般店（高）	800万円以上～1000万円未満／年
一般店（中）	600万円以上～800万円未満／年
一般店（低）	450万円以上～600万円未満／年
不振店	350万円以上～450万円未満／年

●店全体の坪数のイメージ

①全体12坪

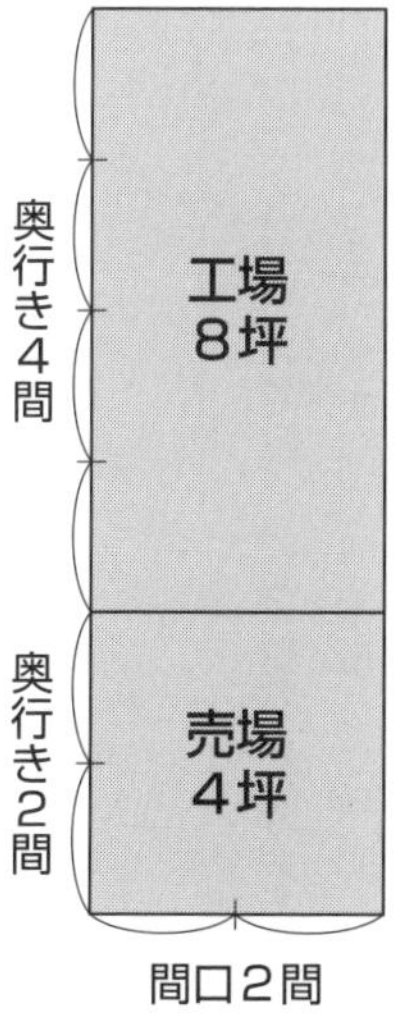

②全体12坪

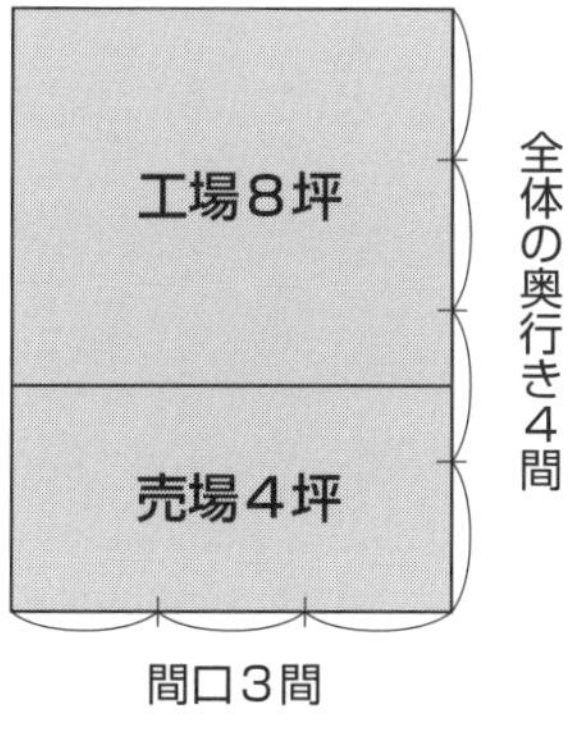

6

おいしいだけではもう売れない。これからのパン店には売る力が必須

日販１００万円販売の店長を経験して念願の開業

京都市中京区、ＪＲ二条駅から歩いて約10分。大学や住宅、商店で人口約10万人の街に「手づくりパン工房コネルヤ」があります。開業して10年目を迎えました。

店舗は、売場が4坪、工房が4坪。知人からもらったデッキオーブン１台、開店資金は３００万円と必要最小限のスタートでした。

知人にデザインしてもらった白い鳩のロゴに、ストアカラーは黄緑色と白色。優しさと温かさ、そして手づくり感の印象があります。

創業時は、経営者の内山さんが一人で立ち上げ、今や、仲間は10人までに増えています。

内山さんは、関西のベーカリーチェーン店で8年勤務され、新店舗開発や店舗運営責任者（店長）を経験されていました。その時の経験が今の自分を育ててくれたと、内山さんはおっしゃいます。品揃えや製造計画、提供方法、お客様に喜んでいただくイベントなど販売促進の企画作成、そして売場づくり、人材確保や育成と幅の広い業務をされていたということです。その経験もあってのことでしょう。商品は、パンに限らず、焼き菓子、たとえばシュークリームやチーズケーキといったものも品揃えされています。売場の工夫も多くあります。

おいしいパンづくりだけでは、経営は行き詰まる

創業から売上は順調に上がっていきました。でも、開業から7年目頃にそれまでの勢いがなくなり、悩んでいました。その時に、製粉メーカー主催の勉強会「繁盛塾」で、解決のきっかけをつかんだのです。

すべては、「お客様視点」でお客様の欲しいものを提供することでした。①食事動機（たとえば惣菜パンや食パンなど）の品揃えから、おやつ、デザートになる甘いものの品揃えを多くする。②一番商品を決めて、それを今まで以上に販売するために、手書きのおいしさ説明入りのプライスカードに変更。③スタッフたちとのコミュニケーションをよくし、経営者一人の力ではなく、スタッフを含めたチームで営業・運営すること。これらを取り入れて売上を伸ばしました。

継続的経営のためには、こうした「売る力」が必要なのです。

「売る力」を身につけよう

●「コネルヤ」店内オープン前

●「コネルヤ」店頭

7 お客様視点のオーナーベーカリー店は、必ず成功する

創業時の想いが商売の「核」になる

私がパン店の新規開店支援、不振店の活性化のための支援活動や地域一番店づくりのお手伝いをさせていただくようになって約27年になります。

お付き合いの内容も期間もさまざまですが、その中で、繁盛パン店の共通点を見つけることができました。

それは、繁盛店のオーナーは、例外なく現場、店舗に強いということです。とくに、商品の提案力を持ち、それを「おいしく売る」、この2つのことを身につけた経営者の成功が目立ちます。これは、繁盛店の集客の一番の要素が「商品」だからです。その商品＝パンづくりに「創業の想い」が入り、それが表現できることが、繁盛店の強さになってくるのです。

私はこのことを、「商品基準の高さ」といっています。

したがって、複数店舗を持つ企業の場合には、商品基準が明確であり、従業員にその基準がきちんと伝わっているかどうかが成功へのカギになっていきます。

店舗数は、3店舗までが儲かりやすい

一人の経営者で、効率よく儲けるには3店舗までといえるでしょう。きっちりと創業の想いや商品基準を高いレベルで伝えられるからです。

創業の想いには、必ずといっていいほど「おいしいパンを提供したい」ということが入っています。

おいしいパンを提供するためには、高い製造基準が必要です。製造工程の各作業でのポイントにはいろいろありますが、まとめていうと「ていねいさ」が必要です。

そして、大切につくったパンだからこそ、売場にはきれいに並べていただきたいし、残らずきれいに完売して欲しいのです。このため、売場づくりについてさまざまな追求がなされ、販売員にも多くのことが求められます。どれだけ「商品が大切か」が伝えられるか——これは経営者の仕事です。

また、経営者はお客様の声に敏感であることが必要です。そして、日々の改善も怠ってはいけません。それを即座に実行できることが、オーナー店の特徴なのです。

お客様にとっても、経営者の顔が見える店のほうが、より安心して買い物ができるはずです。

経営者の創業時の想いが成功のカギ

8 増え続けるパン店への女性の進出

「私はパンが好き」が大切

私は、お付き合い先の従業員育成のための勉強会、そしてパン、ケーキの専門学校の経営講座の講師も行なっています。その際、入社の動機と目標を述べてもらっています。

そして、その自己紹介の内容で、パン店への適性を判断します。「この人は、たぶん続くだろう」と思うのは、「パンが好きです」という場合です。そして、女性のほとんどがそのように思います。

私のお付き合い先の例――Mさん

新卒入社のMさんは、入社した動機を「パン好きで、将来はパン店を開業する！」と発表してくれました。このパン店では、毎月全従業員が集い勉強会をしています。ミーティング内容は、次の通りです。

①当月売上見込み、翌月の売上目標の発表
②営業中の状況と、課題や気づきの発表
③売上達成のための、店舗での具体的取り組み、スケジュール発表
④そのための個人目標発表

時間は約3時間。Mさんは当初、この間に必ず目を潤ますのです。それは、成果の出せない自分への感情の高まりからでした。しかし、この勉強会を半年経過したあたりから、彼女の目つきや表情が変化し始め、キラキラと輝き出しました。個人目標が明確だと、その責任感が強くなり、成長のスピードが早まります。

「パン好き」がさまざまなパン店をつくり出す

パン店で働くスタッフ、そして、製パン専門学校の生徒の半数以上を占めるほど女性が目立ちます。そのほとんどは「パンが好き」から「パンづくりが好き」といったことをよく口にします。将来に描いていることは、パン店開業、ベーカリーカフェ開業、パン教室開業、最近では、「店舗を持たず、ネット販売をしたい」ということも耳にするようになりました。

最近のパンの新店舗は、ハイイメージで、オシャレです。しかし実際には、計量・仕込みやパンを焼くことは重労働です。ですから、「好き」でないとやりきれません。つくるだけでなく、パンをおいしく食べてもらうために取り組める女性の経営者が、これからの繁盛店をつくり出す時代です。

女性経営者が増えている

●女性経営の店　「シャトーアキコ」

9

どんどん増えている「高級食パン専門店」

お客様の成熟で「食パン専門店」が続々と展開

パンのマーケットサイズ（1年間の一人当たりの消費金額）は、約1万1000円です。そのうち3分の1の約4000円は食パンが占めます。

前述した通り、食パンは「ごはん」＝主食にあたります。これからの時代、高齢化は進みます。お年寄りにとって、〝ごはんを炊く〟よりも、食パンのほうが簡単に食べることができます。

先日、あるベーカリーカフェで、シニアの女性たちがこんな会話をしていました。「私、朝はパンだわ。お味噌汁が合うのよ。おいしいわよね」。すると、もう一人のご婦人も、「私もよ！　準備も簡単だしね。ごはんは、炊くのが面倒だし。量もそんなにいらないからねえ」。

マーケットサイズの原理原則と時流により、「食パン専門店」が増えています。

お客様の「食事はパン」が当たり前となり、さらに自分の好みがはっきりしてきている今、食パンは日常的なもの、その食感や味、素材の特徴の主張がしっかりとしたものが選ばれるようになりました。

その販売のポイントは、大商圏であること。また、ひとつ当たりの単価が高いこと、そして、鮮度のよい焼きたてを提供することです。ただし、最近は、ネット情報やパンを扱うグルメ番組があり、立地が少しへんぴな場所でもお客様を集めている店があります。

確かに、食パン専門店ならば、その食パンの製造・開発だけに集中して、質の高いものを提供できることでしょう。販売のポイントをよく確認して、開業計画を立ててください。

本来、お客様は欲しい量を求めている

高級食パンの代表は、コンビニエンスストアで売っています。スライスされた食パンが3枚入りで160円前後です。通常の食パンの1斤分と価格がほぼ変わりません。

コンビニエンスストアの高級食パンは1枚50円と、高いにもかかわらず、お客様に受け入れられています。高級食パン専門店も、ほぼ同じ価格です。お客様は、鮮度のよい、焼きたての食パンを食べたいのです。高級食パン専門店は、目的性が強いため、まとめ買い、手みやげ動機となっています。

食パンの需要を見極めよう

10

新スタイル提案型のパン店にチャンス到来！

新スタイル提案のパン店が続々開店

パン店の開店時期は、春と秋の年2回に集中します。春は2月、3月、4月。秋なら9月、10月、11月です。

新規開店の場合、開店1年前もしくは短くても6~7ヶ月前から準備し、改装の場合は3~4ヶ月前には準備を始めます。したがって真夏や真冬に、そのための計画と打ち合わせが行なわれます。

私は、全国を飛び回りながら、新スタイルのパン店を見るようにしています。最近は、〝パンをおいしく食べよう〟と、提案型のコンセプトを持ったパン店が印象に残りました。また、私は全国各地の繁盛店を、一定の頻度で視察するようにしていますが、その結果、新規店の傾向は次のように整理することができます。

・「パンを生活の中に」というコンセプトで、料理（惣菜）を充実させたベーカリーレストラン
・焼きたてパンを食べるコーナーを充実させたベーカリーカフェ
・「おいしくパンを食べよう」と提案する、「パンづくり体験」スペースを持つ新コンセプトの店
・高級食パンを限定販売する高級食パン専門店

パンを食べるシーンを提案するさまざまなスタイルのパン店が開店しています。高い集客力を持つパン店を視察しながら、さまざまな業界の人たちがパン業界に参入してきているのを感じます。

二極化する店舗規模

郊外型、駐車場完備の大型パン店は、一通り出店が終わったようです。それらの店は、一店舗の売上で1億5000万~3億円の規模があります。これら成熟した大型店の集客のポイントはカフェの充実とパンづくりの体験スペースです。また、個別対応するサービスの実践です。

この大型店は、店舗規模が50坪~100坪で、また、駐車場も30~50台分が必要です。

一方では、規模の小さなお店もチャンスです。オーナーとお客様が「おいしさを共有できる店づくり」ができれば集客をし続けることが可能です。その場合、日販7万円がその目安となります。

「パンづくり体験」ができる新スタイルの店

2章

繁盛するための
コツを知ろう

1 独自性のある基本コンセプトをつくろう

「パン店をやる」と決めた動機が大切

経営の基本は「商売の核」となるものです。店が繁盛するか否かは、この「商売の核」によって決まります。ですから、開業する前にきっちりと頭の中を整理し、はっきりと文字に表現しておくことが大切です。

まず最初に、「パン店を開店する」と決意するきっかけになったことから整理してみましょう。

「パンづくりが好き、おもしろい」「パンを食べることが好き」から始まり、「パンを通して、多くの人に喜んでもらいたい」といった具合に発展させます。「パン店は儲かりそうだから」という人もよくいます。確かにそうだと思いますが、それだけの動機ではパン店は長続きしません。

どんな商売も同じですが、儲け続けるには「儲かる理由」があります。「商売の核」は、主なる顧客を定め、その顧客にとっての価値を提供できた時に儲かるのです。ここで例をあげてみましょう。

・忙しいお母さんに代わって、家族に手づくり焼きたてのパンを提供したい
・お客様の体に安全で安心なものを提供し続けたい
・お客様の生活の中に、パンがある豊かさを提供したい

これらの核を中心にすると3つの方向性の方針が明確になってきます。3つの方向とは、「商品」「売場づくり」「サービス（人づくり）」のことです。

主なる顧客をはっきりと決め、その価値を具体的に表現しよう

左図のように、基本コンセプトをつくってみましょう。この作業では、次のようなことに留意します。

・経営者自身が〝ピンとくる言葉〟で表現する
・お客様や従業員にもわかりやすい表現であること
・主なる顧客がはっきりと、そしてその価値が具体的に表現されていること

開店当初は売上も順調なため、この内容の重要さは理解しづらいかもしれません。ですが、売上が伸び悩んだり、経営者自身が迷ったりさまざまなことが起こった時に、この基本コンセプトが大切であると気づきます。店全体を見直し、軌道修正していくためにこの基本コンセプトの効果を実感できるでしょう。

コンセプトシート

❶ 主力品群は何か? どのように売るか? (セールスポイント)	❷ 独自性商品及び主力品群を代表する印象付けの一品	❸ 主となる顧客が納得する値付けは? (仮想競合、コストパフォーマンス)
❽ 年間を通しての独自性の商品の強化と印象付けは? (フォーカスパワー)	**カテゴリー** 1 主となる顧客は誰か? 2 強みは何か? (他社にない独自性、差別化) 3 顧客にとっての価値は何か?	❹ 売場で強みを表現する方法は? (シズリング)
❼ 独自性を印象付ける商品名とその数	❻ 独自性及び主力品群の品揃えとその目標	❺ 主となる顧客が求めるサービスは? (ワントゥワン)

2

4つの方針は、お客様に伝わりやすいものに

コンセプトは4つの方針で決めよう

コンセプトづくりの1つ目の方針は、商品づくりです。

商品づくりは、具体的に3つに分けて考えます。1つ目は素材、2つ目に製法、そして3つ目が商品構成です。これは、繁盛パン店であり続けるための、他店との最大の差別化ポイントです。詳しくは、4章で述べていきます。

2つ目の方針は売場づくりです。私は、基本的に「焼きたて」が伝わる工夫をすることと考えています。

パン店で大切なことは、「焼きたて」がひと目で見てわかるかどうかです。つまり、第一印象のインパクトをどのように与えるか、にかかっているのです。

例をいくつかあげてみましょう。

・市場（いちば）的＝市場のような活気に満ちた雰囲気がある
・ゴチャゴチャとした、にぎわい感がある（グチャグチャとは異なります）
・パン工場のような雰囲気があり、ひと目見てわかる
・入口近くに窯がある

3つ目の方針は、サービスについてです。

私は、サービスのポイントは「パンをていねいに扱うこと」であると思っています。

サービスとは、焼きたてのおいしさを、売場からお客様の口に入るまでをつなぐ、大切な仕事といえます。

これを行動レベルで考えると、「お客様の目を見て」「両手で」「笑顔で」「ゆっくりと」「おいしさを共有する言葉を添えて」ということになります。

そして最後、4つ目の方針は、人づくりです。

パン店にとって、絶対に必要な人材とは、どのような人材でしょうか。これは、採用基準にもつながる大切な問題です。それは、

・感謝できる人
・パン好きな人
・自己向上できる人

です。自分のお店を、このような人材を育成できる場にしていきましょう。

左ページは私のお付き合い先の事例です。店全体のイメージができるようにコンセプトを書いてみましょう。

店舗基本コンセプトの事例

❶ 売場でフォーカスポイントを表現する（シズリング）

ボリューム"楽しさ、エネルギー"
①おいしそうに見せるみせ方　②おすすめがわかりやすい
①ＰＯＰ
②声かけ
③焼きたてコーナーをつくる
④小さいオーブンをおく
⑤クロワッサンコーナー
⑥食パン・食事コーナーづくり

❷ 主力《クロワッサン》カテゴリーをどのように売るか（セールスポイント）

①クロワッサンの包材を見直そう
②手のひらに渡す
③焼きたて、揚げたてをお客様全員にお知らせして品出しする
④複材料の品揃えをして食べ方を提案する

❸ メインのお客様が納得する値付けとその比較対象（仮想競合）（コストパフォーマンス）

①クロワッサン　140円
②クロワッサン食パン開発（食パン180円）
③究極クロワッサン　180円・250円

◎白神酵母（秋田県）
甘味
※イーストフードは入れてない。

❹ メインのお客様が求めるサービス（ワントゥワン）

①「ありがとうございます！」と言える
②お手伝いする
③全員が自信を持って商品説明しよう
④真心を込めておいしいパンづくりをする
⑤焼成計画を立てて焼きたて提供する

❺ 年間を通してのフォーカスカテゴリーの強化と印象付け（フォーカスパワー）

独自の売りたいパン（クロワッサン）と季節感ある商品
※1）ポイントカード2倍（火・日曜日）
※2）メール会員　週末特典
1月　イチゴパンフェア
夏期　カレー＆スパイシーフェア
秋期　栗・かぼちゃフェア
クリスマスフェア
①焼きたて・揚げたてフェア
②クロワッサンフェア
③食パン・食事パンフェア
④サンドイッチ・調理パンフェア
◎⑤白神酵母パンフェア

❻ フォーカス及びカテゴリーの品揃え、その目標（マーチャンダイジング）（ブランドネーミング）

①クロワッサン生地　10品
②食事パン　7品　バターロール朝～買われる
③クロワッサン関係・サンドイッチ　3～5品
アーモンド　5品　21品

※一番商品　・クロワッサン　15%
・食パン　15%

❼ 商品の安心・安全

①自分たちがおいしいと思うもの、納得のいく素材を厳選すること

❽ 人づくりについて
一人一人成長でき幸せになる人づくり

①明るい人
②プロ意識
③商品知識を持つ
④人への思いやり
⑤当たり前のことを徹底できる
⑥ミーティングする

カテゴリー

①メインターゲットは誰か
30～50代の主婦層
②カテゴリー：主力の分野は何か
朝食に食事パン動機＝クロワッサン
③フォーカス：
・差別化を具体的に絞り込む
・メインターゲットはそれを必要とするか
＝自店は白神酵母を使ってまわりサクサク中もっちりの本当においしいクロワッサン

3

独自の商品構成を組み立てよう

当店の「売り」を明確にする

当然のことですが、お客様が欲しいと思うパンを集中的に品揃えしているパン店は繁盛します。

お客様の目から見て、「魅力あるパン」とはどのような商品なのかを考えると、人の場合「笑顔の素敵な人」が魅力的であるように、パンも「表情が豊かであること」といえるのです。

①具材の量が多いこと（具材比率50％以上）
②ふっくら、おいしそうに見えること
③パンの断面を見せる商品は、中の具材も見えること
④パンの表面積が大きく、ボリュームがあること
⑤パンの焼き色がよく、ツヤツヤしていること
⑥甘いパンはいかにも甘そうに見えること

また、食べてみて、パン生地がもちもちしている、サクサクしているなどの食感の特徴があるもの。具材の入っているパン（あんパンやカレーパン、サンドイッチ等）は一口目から具材に当たることです。

そして、味は基本的に甘いものは甘く、辛いものは辛く、さらには、時流的に濃厚であることです。

お客様の購買動機別に商品を知る

お客様の購買動機別に商品を整理したものを、「24分割MD」（左ページ表）と呼んでいます。

・Aゾーン＝甘く、低価格帯のパン。種類は菓子パンや甘いデニッシュパン。特徴は「より、おやつらしく」。
・Bゾーン＝惣菜との組み合わせで、食事になり、低価格帯。種類は、食パン、テーブルパン、サンドイッチ、調理パン（惣菜パン）の4つ。特徴は「より食事らしく」。
・Cゾーン＝甘く、高価格帯。種類はAゾーンと同じですが、この他パイ、クッキー、パウンドケーキ等の焼き菓子も含む。特徴は「自分へのご褒美、手土産になる」。
・Dゾーン＝食事の対象となるもので高価格帯のパン。ギフト商品にもなる。種類はBゾーンと同じ。特徴付けは「豊かな生活を提案する」。

以上4つの購買動機の中から、いずれかひとつのゾーン＝テーマを決め、そのゾーンの商品が品揃え全体の40％〜50％を占めるようにします。これで売りたいパンが明確になり、他店との違いがはっきりしてきます。

そして、ゾーンの商品に、前述した魅力あるパンのポイント6つを付加していきます。

24分割MD表

（低価格帯）

おやつ

手土産になるゾーン

- デニッシュ 160円以上、トッピング
- 菓子パン 130円以上、生地のみ
- デニッシュ 160円以上、包み込み
- 菓子パン 130円以上、具あり

●洋菓子の売れ筋

①タルト・パイ・クッキー生地　②フルーツ入り

●いちご　●チェリー　●ブルーベリー

●アプリコット　●アップル　●マロン

より、おやつらしくゾーン

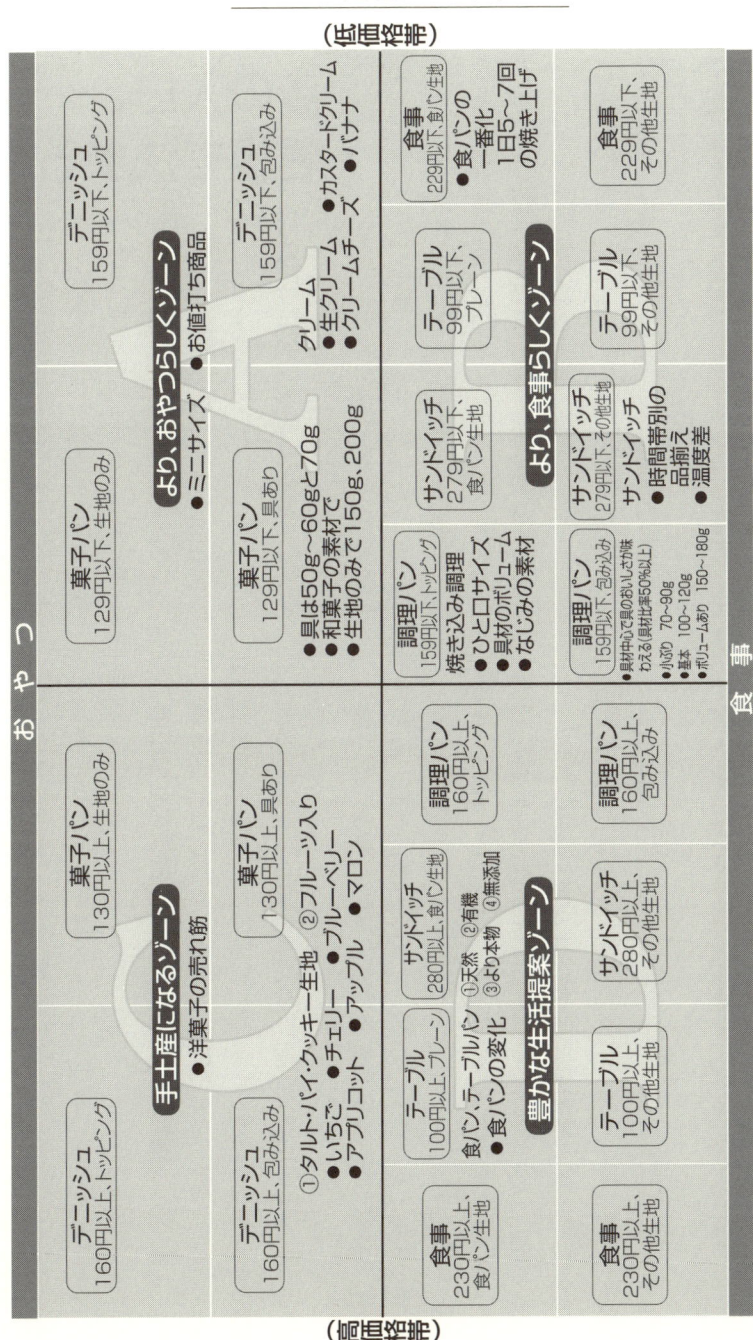

- 菓子パン 129円以下、生地のみ
- デニッシュ 159円以下、トッピング
- 菓子パン 129円以下、具あり
- デニッシュ 159円以下、包み込み

●ミニサイズ　●お値打ち商品

●具は50g〜60gと70g

●和菓子の素材で

●生地のみで150g、200g

クリーム

●生クリーム　●カスタードクリーム

●クリームチーズ　●バナナ

食事

豊かな生活提案ゾーン

- 食事 230円以上、食パン生地
- テーブル 100円以上、プレーン
- サンドイッチ 280円以上、食パン生地
- 調理パン 160円以上、トッピング
- 食事 230円以上、その他生地
- テーブル 100円以上、その他生地
- サンドイッチ 280円以上、その他生地
- 調理パン 160円以上、包み込み

食パン、テーブルパン

●食パンの変化

①天然　②有機

③より本物　④無添加

より、食事らしくゾーン

- 調理パン 159円以下、トッピング
- サンドイッチ 279円以下、食パン生地
- テーブル 99円以下、プレーン
- 食事 229円以下、食パン生地
- 調理パン 159円以下、包み込み
- サンドイッチ 279円以下、その他生地
- テーブル 99円以下、その他生地
- 食事 229円以下、その他生地

焼き込み調理

●ひと口サイズ

●具材のボリューム

●なじみの素材

●食パンの一番化 1日5〜7回の焼き上げ

●具材中心で具のおいしさが味わえる（具材比率50%以上）

●小ぶり　70〜90g

●基本　100〜120g

●ボリュームあり　150〜180g

サンドイッチ

●時間帯別の品揃え

●温度差

（高価格帯）

各ゾーン毎の商品が持つ特徴は●で明記しています。

4 繁盛店は店の入口、看板で決まる

「パン屋さんらしさ」が重要

パン店の店先に立ったとき、パン屋さんらしく見えることはとても大切です。店頭で、次のような第一印象を与えましょう。

①「焼きたての温かさ」が伝わってくる

②「できたて感」の新鮮さが伝わってくる

③「手づくり感」の食の安全性が伝わってくる

店舗デザインに、木目調仕上げやレンガを使ってみてはいかがでしょうか。暖色系（黄、オレンジ、赤、茶色、生成りなど）を使うと、パン店にふさわしい温かい雰囲気が出ます。

店頭から店内の奥まで見通すことができ、しかもオーブンが見えていると、「焼きたて感」をより効果的に演出することができます。したがって、店頭はガラス仕上げが望ましいでしょう。

そして、集客のポイントは「店頭の明るさ」です。

店頭、商品の棚面約1メートルの高さで、８００～１０００ルクスの照度をつけましょう。工場内は６００～８００ルクスは必要です。一般的なコンビニエンスストアの明るさが１２００ルクスです。必ず明るい店づくりをしてください。

間口いっぱいに大きく目立つ看板が重要

店自体がお客様を集客するには、看板が最も大事です。店頭の看板のサイズは間口いっぱい必要です。たとえば間口が3間あれば3間必要です。縦の幅は60～90センチが目安です。

２つ目の看板は駐車場に車を誘導させるものです。その目安は、幅１・８メートル×高さ３・６～５・４メートルです。店が面している道路の状況で異なるので、物件に合わせて調整しましょう。いずれの場合も照明が必要です。

次に看板は、お客様が店名を覚えやすいことが大切です。看板には「パン」の文字を入れます。外国語の店名の場合は、表記はローマ字＋カナにしましょう。店頭、道路脇看板は共に、パンのイラストや写真を入れてパン屋とわかるようにします。

既存店のパン屋さんが看板をリニューアルすることで、売上が１・３倍上がった実績もあります。そのくらい看板の効果は偉大なのです。

看板は繁盛店の要

●店舗の間口いっぱいに看板を設置する

●メイン道路にそった駐車場入口看板。自店一番商品のイラストを入れる

5 店舗レイアウトのポイント30

4つのキーワードをチェックしよう

繁盛パン店づくりのキーワードは、①安心感・入りやすさ、②鮮度感とにぎわい感のある市場的な雰囲気、③女性型マーケティングのおもてなし、④楽しさの演出、の4つに整理することができます。ここで、その内容をチェックしていきましょう。

1 店の間口は2間（3・6メートル）以上
2 店舗は、ウナギの寝床型より間口が広いほうがよい
3 テナント店より単独店がよい
4 1階店舗で、売場も厨房も両方取れること
5 照明は明るく（開店当初の照度を保つ）
6 看板は間口いっぱいの大きさにする
7 入口側の面は開放的にし、パン棚を設置しない
8 ビルインタイプの店舗の場合は、角地を押さえる
9 入口（店頭に立った場所）から窯が見える
10 入口から1メートル以内にメインのパン棚がある
11 平台中心にパン棚が構成されている
12 目標売上÷２０００円÷2＝パン棚のトレー数の目安
13 工場と売場との間をさえぎるものを置かない
14 入口近くに窯を配置する
15 女性の目線にパン棚の高さを合わせる
16 「手づくり」が伝わる実演スペースをつくる
17 スライサーはお客様のほうに向けて置く
18 スライサー中心に食パンコーナーをつくる
19 レジのすぐ前に荷物台をつくる
20 レジ前のたまりを確保（１５０センチの空間）
21 お客様のコミュニケーションスペースを確保する
22 買い物を楽しむための椅子を設置
23 イートインコーナーをつくる
24 お子様向けコーナーをつくる
25 それぞれの適正な通路幅の確保
26 客導線を考え、トレー・トング台は入口左手に配置
27 包材ストックスペースを確保する
28 店長用机の確保（1畳程度）
29 スタッフ休憩室の確保
30 駐車場は、売上に必要十分な台数を確保する

以上、30のポイントを開業前も開業後も定期的にチェックしていきましょう。

店舗レイアウトの一例（売場約９坪の店）

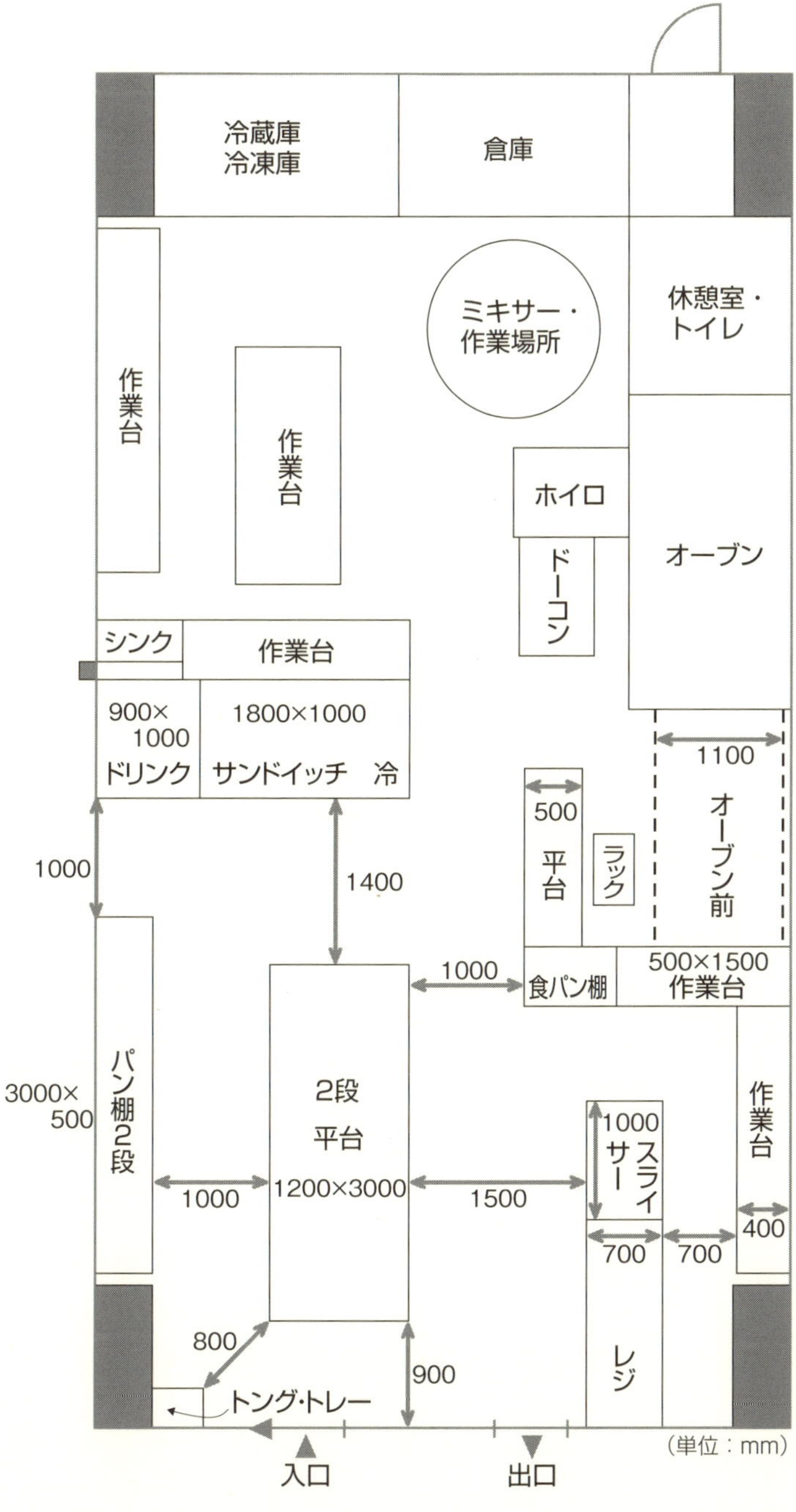

6 オーブンで「焼きたて」を強調しよう

超繁盛うどん店から学ぶこと

福岡市内を中心に約20店舗展開している超繁盛うどん店に「釜揚げ牧のうどん」があります。うどんもパン同様、〝鮮度〟が命の商品です。このお店では、注文ごとに麺体という生地のかたまりを細くうどん状に切ってから、茹で揚げています。

「牧のうどん」では、この一連の流れを客席から見ることができます。店舗の約半分は厨房で、そのど真ん中に長さ4メートルほどの製麺機と茹で麺釜がありますが、その迫力はすごいものです。もくもくと湯気が立ちのぼり、やけどするほどの、熱々のうどんが目の前に提供されます。つくり立て、できたて、そして、おいしさの保証がされています。

一点豪華主義のオーブンで「焼きたて」「おいしさ」を保証しよう

パン店でも同様のことがいえます。「焼きたて」「できたて」が体験でき、それを保証する売場をつくることが重要です。ここで最大の効果を発揮するのは、オーブンです。

ポイントを押さえましょう。

①入口からオーブンが見えること
②入口近くに配置したほうが「焼きたて効果」（視覚効果）は高まる
③オーブンと売場との間の間仕切りがなく、空気が一体化しているほうが効果大（ガラスで間仕切られた場合でも、工場の様子が見えること）
④オーブン前の作業台も手元を見せる（隠さない）
⑤オーブンは大きいほうがよい（目安は三段窯）

オーブンは目立たなければなりません。この効果を上手に活用しているパン店に、名古屋の「ダーシェンカ」があります。店内に大きな手づくり窯が目立つ位置にあります。焼きたてのパンが窯から売場に直接出され、それを見たお客様は、興奮して購入意欲が高まります。「焼きたて」「できたて」が実感できる店は、全国各地で見ることができるようになり、今ではその店づくりは常識にまでになってきています。そして多くのお客様を集めています。

オーブンによる「焼きたて感」の効果は大きく、集客力アップの貴重な武器です。オーブンの力を信じ、ほかに多額の投資をすることは避け、オーブンの位置にこだわってみてください。

入口近くにオーブンを置こう

●大きなオーブンを見せよう

●レンガ仕上げの手づくり釜

7 業者のアドバイスは鵜呑みにしない

店舗は圧倒的集客力重視型でつくる

パン店は、効率重視型やデザイン重視型の店舗では繁盛しません。繁盛パン店にするために必要なのは「集客力」です。集客できる店舗は、オーナーご自身がつくりたい店舗とは異なる場合があるかもしれません。

ここで注意しなければならないことは、デザイナーや業者からのアドバイスを鵜呑みにしないことです。デザイン的にカッコよければ繁盛するわけではありません。一方、効率よくパンが焼けるだけの店が繁盛するかというと、それも違います。

繁盛店にするためには、お客様が集まってくる、集客できる店舗にしなければなりません。たくさんのお客様を集客できるからこそ、効率よい製造が活かされるのです。

本章5項に掲げた、店舗レイアウトのポイント30を整理したうえで、自分自身がつくりたい店舗を、紙に描き出してみましょう。

店舗レイアウトの簡単な描き方は次の通りです。

①店の間口と奥行きを決め、店舗の大きさを決める（1・8メートル＝1間を基準に、複数倍する）
②間口から奥行き3分の1までが売場、奥の残り3分の2が工場スペースとなるように仕切る（1章5項参照）
③入口の位置と幅を決める
④オーブンの設置場所を決める
⑤売場をレイアウトする
⑥最後に工場内のレイアウトをする

このように叩き台のレイアウトをつくったうえで、専門業者と相談すると話がスムーズに運びます。すべてを人任せにしてはいけませんし、人任せで繁盛店になるのは無理な話です。

経営者自身がワクワクする店舗をつくろう

私は繁盛店づくりのキーワードは、その店の経営者が「自分の店に、毎日ワクワクし続けていること」だと考えています。

経営者自らが、鮮明な店舗イメージを持つことが大切です。そのためには、繁盛店をたくさん見ること、その写真を撮ること、好き嫌いをはっきりさせ、どの店舗のどの部分が好きかを整理することです。そのようなことを組み合わせていき、店舗イメージを膨らませていくのです。

集客できる店舗をつくろう

●入口側は開放的に

●平台中心にパン棚を構成する

8 「基本コンセプト」から外れた店舗は不振店

開店成功のためにも繁盛のコツをしっかりつかもう

まずは、「どんなお店をしたいのか」、これをしっかりと描きましょう。

私は、多くのパン店、スイーツ店、カフェの経営者と開業目標を話し合ってきました。また、そこに就職したい学生の通う専門学校では経営に関する講座で話をしています。

専門学校では、学生たちに、入学の動機、卒業したら何をしたいのかを自己紹介してもらっています。「卒業後すぐにパン店を開業したい」「何年か修行してから、開業したい」「自宅の一部を使った店をしたい」とさまざまな話を聞けます。そこで、「日頃どこのパン店を見ていますか?」「どこのパン店が好きですか?」と質問すると、驚いてしまいます。ほとんどの学生が答えられないからです。あまりにもパン店や、業界のことを知らないのです。

本当にパン店を開業したいと思うならば、もっと、もっと、パンに触れる時間をつくりましょう。まずは、自分自身の時間管理からスタートです。

パン店を見るポイントは、以下の通りです。

まず、店頭、看板から店舗の大きさを見ます（何坪あるか）。そして、レイアウトと棚割、窯の位置を確認。入口から一番はじめに見えるように陳列されているパンは何でしょうか（一番商品があればよい店）。品揃えは何種類か、価格はどのくらいか、売場のプライスカードやPOPからはおいしさを感じるか、販売員、製造担当者は何人いるかを見ていきます。

そして、一番商品と定番商品、季節商品を買い、レジでの販売サービスを体験します。買ったものを食べて、感想を記録しましょう。この時、必ず、店舗、商品の写真を撮ることです。「なぜ、繁盛しているのか」、そのポイントを自分なりにノートに書きためましょう。

基本コンセプトに、「繁盛のコツ」が入っていますか?

開業しよう！　と、心に思うならば、まず「基本コンセプト」を書きます。はじめはぼんやりしていますが、書き重ねていくことで鮮明になります。〝描いたものは実現する〟それを信じて、繁盛のコツを自分のお店に取り込んでください。中でも、立地、間口の広さ、窯の配置、一番商品は重要なポイントです。

店舗訪問チェックシート

1 店舗

ABCパン店

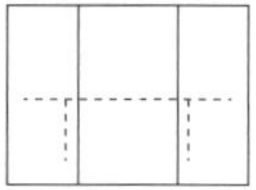

(1)店頭でパン店ってわかる？　看板は目立つ？
(2)入りやすい？
(3)明るい？
(4)駐車台数
(5)坪数　売場：　　　　　　店全体：
(6)入店時の印象は？

2 店内レイアウト、棚割り

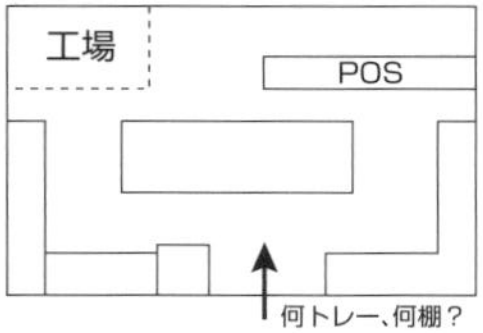

(1)1番商品がわかる？＋POP
(2)売りたいものがわかる？＋POP
(3)何トレーある？
(4)品群毎の棚割り　買いやすい？
(5)活気ある？
(6)陳列キレイ？
(7)掃除は行き届いている？
(8)レジまわりはキレイ？
(9)ツールはキレイ？
(10)ボリューム陳列？
(11)陳列はキレイ？
(12)BGM
(13)棚割りは？

3 商品

(1)買いたいパンはある？
(2)形キレイ？　色キレイ？
(3)何品？
(4)パッケージに工夫ある？

4 売場づくり

(1)見て買いたくなる？
(2)統一感、センスのよさは？

5 買い物

(1)接客は感じいい？（ユニフォーム・名札・髪型）
(2)笑顔？
(3)ていねいなパンの扱い？
(4)スタッフ同士の会話、表情は？

6 食べてみて

(1)味ははっきりしている？
(2)鮮度はいい？

7 経営者のお話を聞く

(1)創業の想い＝“理念”
(2)商品について
(3)店づくりについて
(4)お客様に対して
(5)これからやりたいこと

8 自分の店ではどうしたいですか？

繁盛のコツ(逆もあり)	取り組んでみたいこと

9
より多くの繁盛店を見ておくこと

繁盛のコツをつかむ

パン店成功のためには、繁盛店から学ぶことです。そこから繁盛しているコツをつかみましょう。

・**札幌市の地域一番店「どんぐり」**――忙しいお母さんの代わりにと、主婦的視点から魅力満点のパンが並ぶ。約２００の豊富な品揃えで選ぶ楽しさを伝える売場づくりも圧巻。焼きたてパンを提供して、地元になくてはならない絶対的存在の店です。

・**千葉県松戸市、圧倒的人気「パン焼き小屋ツオップ」**――年中無休、３００種類以上の日本一レベルの品揃えと焼きたてパンを提供。ドイツパンなどの食事パンをおいしく食べられる提案型のカフェも人気あり。連日行列の繁盛店。オーナーとパートナー、スタッフの魅力にパン店を目指す人はその名を知らない人はいないはずです。

・**千葉市、地元密着店「石窯パン工房クロワッサン」**――“小さな幸せ”を基本コンセプトに、「パン屋さんのディズニーランドになる！」と、おいしさ・楽しさ満載の売場づくりは日本一レベル。石窯パン工房の日本の発祥店といえる。発想豊かな経営者と仲間たちはいつも笑顔です。

・**東京銀座「銀座木村屋總本店」**――創業１９３０年、日本人の嗜好に合わせた酒種あんパン発祥店。名物「あんバターホイップ」はじめ、季節のあんパンを中心に品揃え、四季を味わえる対面販売のおもてなし店づくりです。

・**名古屋市、石窯パンの店「緑と風のダーシェンカ」**――パン教室とカフェを併設し、独自の世界をつくり上げているユニークな脱サラ経営者。季節ごとの自家製酵母で、もっちり甘味のあるパンを提供。パン好きなスタッフがつくり出すパンは、形、ネーミング共に面白い商品です。

・**福井市、女性の心をつかむ地元密着一番店「レ・プレジュール」**――店名はフランス語で“小さな喜び”の意。本場フランスで使われている酵母の機械でフランスパンを大量に集中的に製造。それらを、甘いおやつや食事向きの商品に提案する商品開発力がすばらしい。また、独自表現の商品と「おいしさ感」を伝える売場づくりは最高です。

・**大阪梅田、圧倒的繁盛店「カスカード」**――夜9時でも焼きたてがある繁盛店。老若男女においしいパンを食べて欲しいと、閉店時間まで熱々焼きたてパンが並びます。ドイツ菓子の甘いおやつ、デザートにもなる菓子パンが豊富。また、毎月のフェア、売場づくりはお客様に大人気です。

繁盛パン店リスト

店名	住所
焼きたてパンの店 「どんぐり」	［本店］札幌市白石区南郷通8丁目南1-7 ［新さっぽろ店］札幌市厚別区厚別中央2条5丁目7 カテプリ新さっぽろB2 ［森林公園店］札幌市厚別区厚別北4条5丁目1-5 ［琴似店］札幌市西区琴似2条4丁目2-2 ダイエー琴似店1F ［麻生店］札幌市北区北39条西4丁目1-5 ダイエー麻生店B1　他
「パン焼き小屋 ツオップ」	［Backstube Zopf］松戸市小金原2-14-3
「石窯パン工房 クロワッサン」	［ファクトリー五井店］市原市五井西4-3-21 ［木更津店］木更津市文京3-1-50 ［君津店］君津市南子安3-6-20　他
銀座「木村屋總本店」	［銀座本店］東京都中央区銀座4-5-7　他
石窯パンの店 「緑と風のダーシェンカ」	［幸田本店］額田郡幸田町大字菱池字桜塚174 ［蔵・有松店］名古屋市緑区有松町大字有松字往還北106 ［菜・豊田店］豊田市若草町2丁目6番地1 ［—You—大高店］名古屋市緑区大高町字平子36 ［JR高島屋店］名古屋市中村区名駅1丁目1-4 ［ナチュラルカフェ］名古屋市緑区大高町池之内63
手づくりパン工房 「レ・プレジュール」	［福井駅前本店カフェプラス］福井市中央1-4-12 ［福井渕店］福井市渕4-1804 ［堀の宮店］福井市大宮6-5-12 ［御幸店］福井市御幸4-14-21 ［糺店］鯖江市糺町39-61-1　他
手づくりの心を伝える 「カスカード」	［さんプラザ本店］神戸市中央区三宮町8-1-040 さんプラザ地下1F ［阪急三番街店］大阪市北区芝田1丁目1-3　阪急三番街 他

10 パン店開業には修業先の選択が大切

地域一番の繁盛店で修業することが、開業成功のポイント

たいていの方は独立するまでに、「複数の店舗で修業した」と聞きます。

そこで、修業先を探すポイントはズバリ、地域の一番店、繁盛店です。面接時には必ず、自分自身の開業目標や、その計画を伝えましょう。独立に積極的、協力的な経営者と一緒に働くことが、開業成功のポイントです。なぜなら、パンづくりの技術に加えて、「なぜ繁盛するのか」という経営手法も学べるからです。

千葉の繁盛パン店では、そのお店で働く人が独立する場合、一年前から独自の「経営塾」があり、数字管理や資金の借り入れの方法などを勉強する時間をつくっていると聞きました。すばらしい考えの経営者だと、私はとても尊敬しています。

作業の基礎と販売、経営手法を身につける

パン製造の作業工程は、大きく5つに分けられます。

・計量、仕込み…生地毎に、各原材料を計る、粉から生地へと練る作業

・分割…生地の固まりを、パンをひとつずつの大きさに分けていく作業

・成形…分割した生地をパンの形に整える作業

・焼成…生地の状態のパンを発酵させて、その後、窯で焼く作業

・仕上げ…焼き上がったパンにツヤを出すために塗り物を塗る、サンドイッチなどの具材をトッピングする作業

繁盛パン店づくりの最大のテーマは、「おいしいパンづくり」です。そのためには、①業界用語を確実に覚えて習慣にする、②基本知識を身につける、③基本動作を身につける、④各作業でのコツをつかむ、ことが必要です。

繁盛店では製造技術も学べますが、大量に製造するので、多くの仲間と役割分担をしながらチームワークも身につきます。そして、売ること、販売経験も積めます。必ず経験者から直に手法を学び取りましょう。

技術面だけならば、専門学校やパン教室でも学べます。「たった一年間の勉強で脱サラして開業した」という方もいらっしゃいますが、それはほんの一握りです。すべては自分自身の目標設定とその準備、そして、自分の情熱次第だと思います。

繁盛店で修業を積もう

3章

繁盛店づくりに必要な経営者の条件

1 パン店経営者はパン好きであること

食べることが好き！

商売の成功のカギは、経営者の想いの強さにかかってきます。

私が大変お世話になっている繁盛パン店にパリーネの経営者、辻岡周太郎氏がいらっしゃいます。辻岡さんは、この20年間、毎月1回、全社員が集うミーティングを行なってきました。

約4時間のうち、私が3分の1研修を担当し、各店の従業員の話で3分の1を使い、残りの3分の1は経営者の辻岡さんが話します。辻岡さんのお話の内容は、ほぼ商品についてです。お客様の大切さについても語られます。その話しぶりは、いつも本当に情熱的です。

「お客様には、自分たちが食べておいしいものしか提供しない！」

これは、当たり前だと思われるかもしれませんが、辻岡さんは毎日、自分のお店の食パンを食べています。実際に食べているからこそ、熱く語ることができるのだろうと私は思っています。

ある時、このお店で働く従業員に、「辻岡さんのすばらしさと魅力は何ですか？」と聞いてみたことがあります。すると、ほぼ全員が口を揃えて「パンに対する情熱です」と答えてくれました。

このように、従業員全員が共感して初めて、本当においしいパンづくりを目指すことができるのだと私は確信しています。

パンが嫌いな人は不向き

私がこれまでにお会いしたパン店の経営者の方で、その適性に疑問を感じた方が2人います（当然ですが、その方とは、お付き合いはしていません）。

お一人は「僕、パンが嫌いなんだよ」。そしてもう一人の方は「僕、パンはつくるけど、食べないんだ」とおっしゃいました。

その瞬間、こういう人に「繁盛店なんてできるわけがない」と思いました。また「パン店はやめたほうがいいのではないか」とも思いました。開業時のつかの間の成功はあるかもしれませんが、どう考えても、その成功が長続きするようには思えなかったのです。

最近では、異業種の方が開業されるケースも増えています。これもまた同じように思います。

「パンが好き！」が一番の成功条件

2 パン店経営者はきれい好きであること

おいしいパンは、きれいな場所から生まれる

私がパン店の支援をしてきた27年の中で、大変影響を受けた人の中に、飯塚良雄さんという方がいらっしゃいます。

飯塚さんは、創業90年もの歴史を持つ老舗のパン店で長い間、工場長をお務めになってこられました。

そのお店の工場は15坪で、そこに10名ほどのスタッフが働いていました。

この店に、別のパン店の方々と見学に行った際、飯塚さんは工場での仕事の進め方について、以下のようなお話をしてくださいました。

・白衣が常にきれいであること
・ひとつの作業が終わる毎に、それらをいったん片づけたうえで、次のパンづくりの作業に入ること
・営業時間内（作業中）は、シンクに洗い物がゼロであること。つまり、使用者が使用後すぐに洗って定位置に戻すこと
・床のゴミ掃きは、何度も行なうこと
・毎日、ステンレスとガス栓ホースはピカピカに磨くこと
・工場専用の靴を使用すること
・定物定位置を徹底すること

このように、作業中の工場は、きわめて忙しい状況であるにもかかわらず、まるで業務終了後の状態のように整理整頓されているのです。

飯塚さんは「藤岡さん、きれいなところでつくるから、おいしいパンができるんですよ」とおっしゃいます。

たしかに、このお店のパンは、形・色・ツヤなどがきれいに統一され、みごとでした。

経営者の基準がすべてを決める

経営者の基準が、その店のすべての基準になります。

経営者が身につけなければならない習慣は3つあります。

①経営者自らが、きれい好きであること
②経営者自らが、そうじ好きであること
③基準の高さを守る力を持っていること
④働く人たち全員がその基準を守れる仕組みづくりができること

これからの繁盛パン店づくりの基本として、肝に銘じてください。

経営者の基準が店の基準となる

3 店舗経営と商品づくりの勉強をし続ける

繁盛パン店の視察とその経営者の話を聞こう

私はいつも、お付き合い先の方々に、定休日をつくってください、とお願いしています。そしてさらに次のこともおすすめしています。

①月に最低1回程度、定期的にパン店の見学をする

②技術講習会への積極的な参加

③技術力向上や新商品開発のための技術講師の依頼

①については、2パターンあります。1つ目は、定点観測で、ある繁盛店を決めて、定期的に視察することです。見続けることによって変化にも気づき、よりその店のよさがわかるようになります。そして、できることならその経営者の方から直接お話を聞くようにしましょう。繁盛のポイントが整理でき、外からでは見えない部分の繁盛のコツが見えてきます。

2つ目は、スポット視察です。これは、流行っている店や場所の見学です。これによって、時流の変化や繁盛店になるためのヒントをつかめます。積極的に外に出かけていくことで変化する力を身につけましょう。従業員と共に店舗を視察し、情報を共有し、その引き出しを多く持つようにしたいものです。

講習会の参加と講師依頼で技術力、経営力をアップし続けよう

次に②と③についてです。

繁盛パン店づくりの究極のテーマは、「おいしいパンづくり＝商品力の高さ」といえます。お客様や市場の成熟に対応するための情報や方法を取り入れて、新しい提案型の商品で表現しましょう。

そこで、次々に新たなものが提案できるよう、技術力を高めていきましょう。同時に、既存の商品にも磨きをかけ、おいしさを追求していきましょう。

同業、他業界の優れた経営者の講演会、そして売上アップに直結した販売促進、販売力アップと、新しい価値を提案する内容のものも受けてください。パン業界を盛り上げていこうとするその動きにも乗りましょう。

講習会は、製粉メーカーや問屋、パン組合などがほとんど毎月開いています。たとえば、業界紙（パンニュースなど）に掲載しています。年4回（3ヶ月に一度程度）は、店の外に出て、積極的に活動してください。

講習会の情報を集めよう

会社名	詳細情報
株式会社 パンニュース社	本社：東京都千代田区岩本町3-9-9 第一瀬野ビル4F TEL：03-3862-6041 FAX：03-3864-0087 http://www.pannews.co.jp/
三和産業株式会社	本社・工場・講習会場：東京都足立区辰沼2-16-8 TEL：03-3620-2101 FAX：03-3620-2105 http://www.sanwasangyo.co.jp/
関東商事株式会社	本社：栃木県河内郡上三川町石田1800-1 TEL：0285-55-2811 FAX：0285-55-2818 http://www.kantos.co.jp/
株式会社 ピーオーピーオリジン	東京・札幌本社：札幌市中央区円山西町7-1-8 TEL：03-3595-1045 http://poporigin.com/ Facebook https://www.facebook.com/npopstar
株式会社 堀茂食糧商事	大阪市北区天神橋3-5-1 TEL：06-6352-3041 FAX：06-6352-3020 http://www.horimo.co.jp/
鐵能社烘焙大師之家	本社：台湾　新北市土城區忠承路115號2F TEL：+886-2-2268-0587 http://tetsunosya.blogspot.com/ Facebook https://www.facebook.com/MasterBakeryHome/

4 経営者こそ、お客様視点で販売する時間をつくる

集客の原則は、「品揃えの多さ」より「鮮度力」

繁盛パン店づくりは、「おいしいパンづくり=商品力の高さ」+「鮮度力」+「販売力」の３つが必要です。それは、お客様の成熟と共に、お客様がパン店に求めることに変化が起こっているからです。

１９８０年代、集客のポイントは、「品揃えの豊富さ」でした。それが行き詰まった頃から、集客のポイントは、「鮮度力=焼きたて」となり、約30年経過した２０１０年まで、そのポイントで大きな成果を上げてきました。

今ではほどんどのパン店で、「焼きたて」であることを表示する〝フレッシュカード〟が見られます。

これによりお客様は、いつ来店しても温かいパンを買える体験ができます。郊外型の大型パン店では、イートインコーナーを設け、お客様は焼き上がったばかりの熱々なパンを食べる体験もしています。フレッシュカードの表示だけでなく、実際に焼きたてを実感しています。

そして、１９８０年以降はプライスカードに、原材料を表示し、おいしさを伝えています。今では、食品アレルギーの対応表示も一般的になりました。

そして、２０１０年頃からのパン店不振の原因は、さらに成熟したお客様への「新しい提案」不足とわかってきたのです。

お客様視点で、〝商品価値=おいしさを伝える力〟が必須

ここで、経営者のスケジュールを分析してみましょう。製造する時間と、それをいかに売るかという販売する時間に分けます。ほどんどの経営者は、製造する時間が大半を占めているでしょう。

ところが、繁盛パン店の経営者の時間は、製造する時間と販売する時間が半々のようです。

販売する時間は、経営者が直接販売するだけではなく、「どのようにしたら、お客様が喜んでくださるか」を考える時間です。今あるパンのおいしさをお客様に伝える力=「売場力」+「販売員のサービス力」。この2つを付加することがこれからの集客ポイントです。プライスカードの内容を「店視点」から「お客様視点」に変えただけで、パンの売上は劇的に変化しています。

これからは経営者の時間配分を変えよう

●今までの経営者の場合

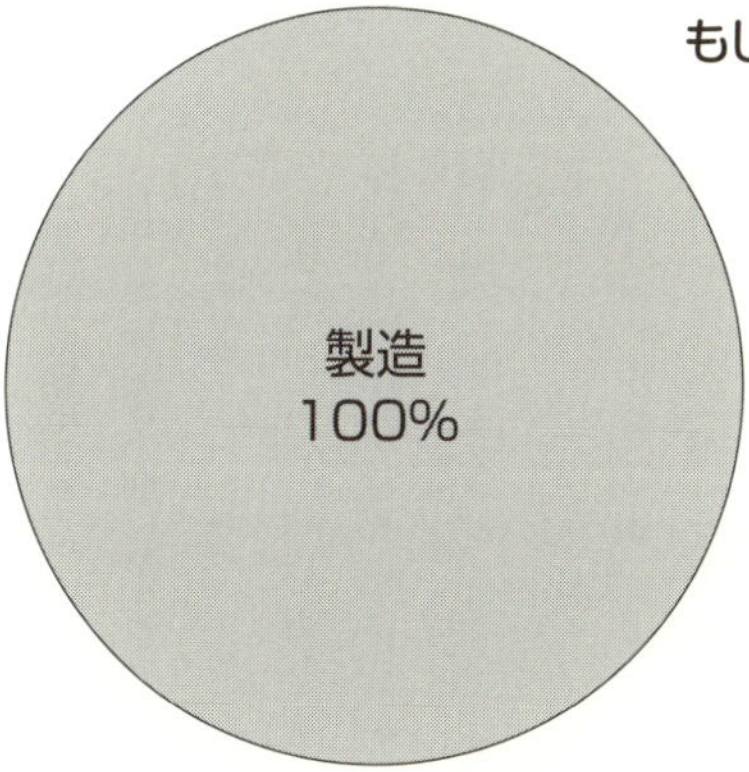

もしくは、

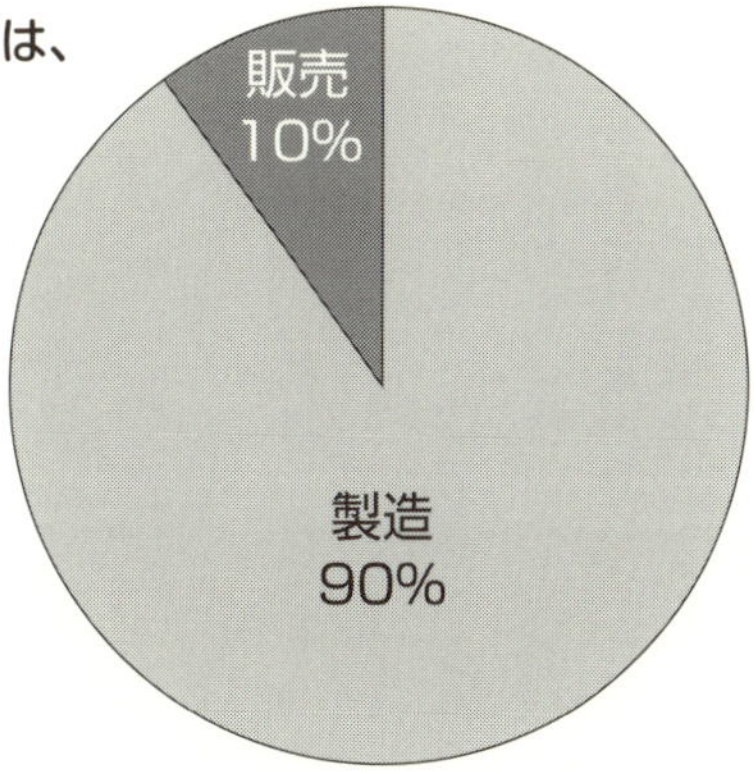

●これからの経営者の時間配分

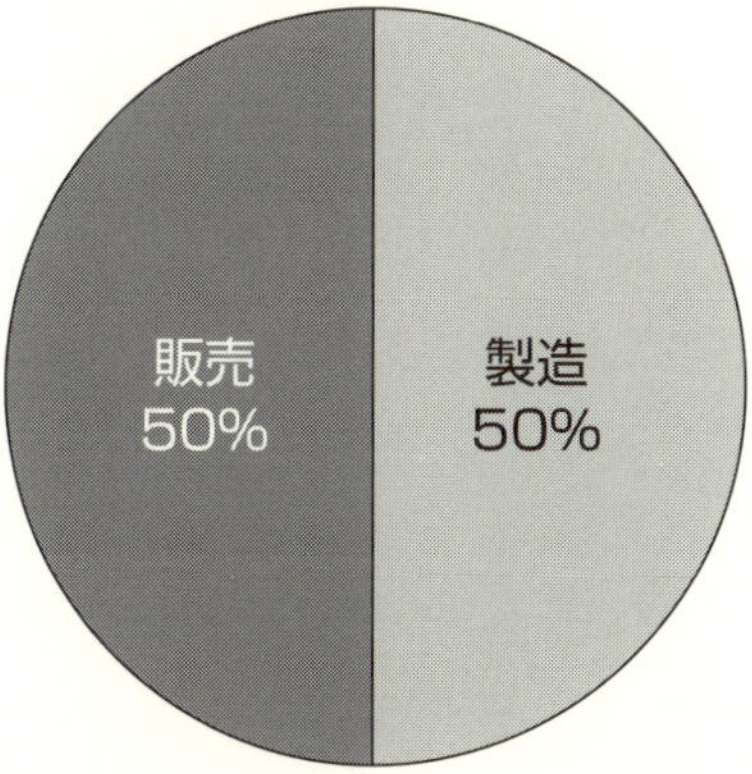

5 お客様が求める商品を出し続けること

商品づくりは「店視点」から「お客様視点」へ

パン店開業前によく聞く話があります。

「私は、自分のお店を開店する時は、自分の好きなパンを焼きます」と。これでは「自分=店視点」です。

繁盛パン店の共通点は「お客様視点」であることです。お客様が喜ぶ、お客様が欲しいパンを焼くことです。

「お客様視点のパン」とは、わかりやすくいえば、「原価のかかっているパン」です。

お客様から見て、とにかく具だくさんで、お得なパンのことです。価格の安さでなく、お値打ちに感じることが重要なのです。

最近の傾向として、パン生地に原価をかけるのでなく、具材に原価をかける商品が目立ちます。たとえば、フランスパン生地のように小麦粉と塩、水のみのプレーンな生地に、博多名産の明太子をたっぷり入れるといった具合です。

もちろん、一番望ましいのは、「自分がつくりたいパン」が「お客様視点」と合致することです。

「生活するためのパン」と「自分のつくりたいパン」

私の尊敬するパンの技術を持つ先生の話は、なるほどと共感します。

その先生は、「開店当時はまず、お客様の求めるパンを焼くこと」といいます。甘い菓子パンや具材のたっぷり入った惣菜パンです。これは、「生活するためのパン」=「お客様視点のパン」となります。

まずは、お客様がドンドン来てくれるお店にすることです。開店したからにはしっかりと経営をし、経営者自身がきちんと生活できることが大切です。

先の技術の先生は、「店が軌道に乗り、売上が安定してはじめて、自分のつくりたいパンを焼くことだ」と、おっしゃっていました。多くの場合、「自分がつくりたいパン」は、バケットといったフランスパンや、生地だけのハード系のものです。

このハード系を代表するバケットやバタールなどは、まだまだ日本人にはなじみがなく、よく売れる商品ではありません。ハード系ばかりの品揃えでは、お客様を集客できません。それでは「自分=店視点」のパンだけになってしまうからです。

お客様視点のパンをつくろう

6

パン店経営者には愛想のよさが必要

繁盛店の経営者は、愛想がいい

繁盛店づくりには、「商売人気質」が重要です。ずばりそれは、愛想がいいことです。わかりやすくいうと、お客様や従業員、そして家族にも、いつも笑顔で接していることです。

笑顔でいるために、私は次の4つの習慣が大事だと考えています。

①自ら進んで、挨拶ができる
②よい返事ができる
③「ありがとうございます」と、感謝が伝えられる
④「ごめんなさい」と素直に謝り、謙虚な姿勢を保てる

人が好きであり、人から好かれることが大切

私は、どのお店でも、お会いする経営者に、開業の理由を必ず聞かせていただいています。

その話の中で、気になった理由がありました。

「私は、人と話をすることが苦手で、パン店だったら一人で黙って作業ができると思って始めました」。

ご主人と奥様と1、2人のパートさんで経営し、日商5万円程度を目指している店ならこの理由でも構いません。

しかし、一般的には「繁盛」の二文字からは縁遠いといわざるを得ません。

店舗経営は、一人の力では限界があり、多くの人に力を出し合って協力してもらい、商売を成功させていかなければならないからです。

本書では、繁盛店がテーマですから、次の3つのことが必要になってきます。

①話し好きであること
②仲間づくりに積極的なこと
③自ら、話しかける姿勢を持つこと

経営は、どれだけ周囲の人たちに協力してもらえるかで勝負が決まります。いい換えれば、「支援」していただけるかどうかということになります。

まずは、身内＝家族の方々に、自らの商売に対する想い（イメージ）を伝えていきましょう。

明るく振る舞い、周囲から「あの人は本当に愛想のいい人だ」といってもらえる経営者になりたいものです。

「鏡の法則」というものがあります。自分の周りの人や出来事は自分を映し出している、という心理学です。ですから、オーナーである自分自身がニコニコしていれば、周囲の人もニコニコするのです。

商売人気質＝愛想がいい

7 パン店経営者が身につけるべき「成功の3条件」

知って得する「船井流・成功の3条件」

私は17年間、船井総合研究所でコンサルティング活動をしていました。

今でも私が、経営者の方に最も多くお話ししていることは、「成功の3条件」についてです。

私自身の仕事の成功や人生が楽しく送れているのも、この3条件のおかげと信じています。

経営者の方には、たくさんの繁盛店づくりのノウハウをお話した最後のまとめに、この3条件を身につけていただきたい、とお話しします。

「船井流・成功の3条件」とは次の通りです。

①素直であること
②プラス発想であること
③勉強好きであること

素直であること

ここでの「素直」とは、よいと思ったことは即実行し、悪いと思ったら即やめることをいいます。これは、パン店に限らず、どのような業種の経営者にとっても必要な資質であると思います。

プラス発想であること

「プラス発想」とは、自分がうまくイメージできないこと（想像の範囲を超えること）は考えず、自分に実現可能な範囲で物事を考えていくということです。そして、そのための方法や手法を計画し、実行することです。

自分自身がイメージできる範囲で物事を考えるため、目標（ゴール）が具体化でき、実現の方策も立てやすくなるのです。

勉強好きであること

勉強好きとは、「素直」な判断、「プラス発想」という思考方法を経て、実際に実行していくにあたって、必要なことを準備しておくということです。

たとえば、新しい商品知識を仕入れたり、マーケティングの動向に常に注視しておくことは、経営者の姿勢として不可欠です。

私は、パン店に限らず、すべての経営者は、以上の3条件は絶対に身につけておくべきであると確信しています。

このような経営者の会社の従業員さんも似るものです。すばらしい社風のパン店となるでしょう。

「成功の3条件」を身につけよう

8 パン店経営者は自己管理が大切

定休日を設けてリフレッシュしよう

繁盛店の元気のよさは、経営者の元気のよさに比例します。

私は2～3ヶ月の頻度で、お付き合い先の店舗を訪問しています。その際、最初に店舗・商品やスタッフの点検をさせていただき、その後、売上アップについての打ち合わせをしていきます。

同じ店を継続的に見せていただいているため、その日の店の様子から経営者の方の調子までがわかるようになりました。

簡単にいうと、売場の乱れが見えるときは、経営者の体調がよくなかったり、悩みごとがあるものなのです。

逆の場合もあります。スタッフの顔つきも商品の仕上がりもいいというときは、決まって、経営者の身も心も充実しているものです。

キーワードは、「健康」です。

経営者の健康状態そのものが、本人の心や気力の充実、しいてはお店の好不調につながっていきます。これは従業員も同じです。

パンは生きものですから、人間の健康状態がそのまま商品に乗り移ります。元気のいい人がつくれば、元気のいい、おいしいパンになります。

ですから、きちんと定休日を設け、身も心もリフレッシュしていきましょう。

時間を守る、約束を守る、時間管理ができる

経営者の習慣が、そのまま店や従業員の習慣となっていきます。

パン店は、かつての長時間労働から改善傾向にあります。長時間働いていると、生産性が低下するからです。

これからのパン業界は、稼働時間を圧縮して生産性を高め、成果が上がる習慣を身につけた経営者やお店だけが生き残ります。

人が集中できる時間は、1時間15分～1時間30分といわれています。これを2スパン1休憩を2サイクル取っていくと、8時間～9時間になります。ずっと作業しっぱなしでは、本当においしいパンはできません。

労働時間を決めて、それを守り、さっさと仕事を終える「店風」づくりのため、経営者として、時間に対する意識を高めていきたいものです。

経営者は健康と時間をしっかり管理しよう

9 経営者の仲間を持とう

経営者は孤独

私は、コンサルティング会社に17年間勤務したのちに独立しました。

独立1年目は、創業のご祝儀といえるのか、業績は好調でした。本当にお客様のありがたさを実感しました。

しかし、独立1年目の年の瀬から2年目に入った時、このままうまくいくかな、と不安になりました。

開業できたことへの感謝の気持ちと、いかに継続することが大切か、それが経営者としての醍醐味であることも知りました。

その時、勇気をくれたのは、銀座まるかん創設者の斎藤一人氏でした。その著書には、「成功とは『楽しい』や『おもしろい』の先にあるものだと思っている」と、ありました。また、それまでお付き合いいただいた会社の社長様から、「どんな時も応援します！」と言葉をかけていただきました。その一言は今でも、私の心の支えです。

これまでのご縁ある経営者の方とはもちろん、加えて他業種の経営者が集う会にも参加して、多種多様なご縁づくりをしています。経営者の集いは、とても活気があり、楽しい場所です。無理だろうと思うことでも、次々と発想が出てきて、その中から新しい商品や事業が実際に生まれたりします。

各地のパン店経営者が集う会でご縁をもらう

経営者の悩みなど、思い切った話のできる場を持ちましょう。修行先の経営者に聞いてみてください。経営者同志、同じ悩みを持ち、相談し合い、その悩みを解決した話も聞けたりと参考になります。一人で悩まずにすみますし、視野も広がり、発想も豊かになります。

そういった会合は定期的に開催され、その内容は新技術の講習、売上アップのための販売促進、ワンランク上のサービスの実践、商品価値を高める売場、ＰＯＰづくり、各地の繁盛店視察、若手社員の独立支援、二代目経営者の交流といったさまざまな内容に及びます。会にこじつけて、各地のおいしいものを食べたり、温泉に入ったりと、気分転換をすることもあるようです。「商売の継続は、人とのつながり、そして、楽しさ」です。

経営者としての自分自身を磨き込む、仲間との時間を持ちましょう。

経営者同士のつながりを持とう

4章

一番商品づくりと独自の商品構成

1

最も大切なのは独自性のある商品コンセプト

集客と継続は「お客様視点」の商品コンセプトから

お客様がどんどん来る店は、「お客様視点」の商品づくりができている店です。そのポイントは、「メインのお客様は誰か」が明確なことです。このお客様なくして、商品コンセプトや商品構成は、組み立てられません。

出店する立地、環境、そこに住むお客様となる方をしっかり見ましょう。実際に立地を決める際は、周囲を歩いたり、車で走ったりします。また、近所の食品スーパーや商店街で実際に買い物をします。どんなお客様に来て欲しいのかをイメージしましょう。

「立地」＝「メインのお客様」＝「自分自身の商品コンセプト」の一致が集客の決め手です。

独自性は「お客様視点」の表現をすること

メインコンセプトは、一番核の部分＝「パンを通して、お客様へ何を提供したいのか」「お客様にどんな影響を与えるか」、また「そのお客様が地元にたくさん増えたら、地域にどんな変化が起こるか」を考えることが重要です。

一例として、北九州で「地域密着型パン店開業」のお手伝いをさせていただいた時のコンセプトシートを掲載します（左ページ）。次のポイントを必ず考えましょう。

・メインになるお客様は誰ですか（できるだけ、絞り込んだ客層を書き出す）
・顧客にとっての価値は何ですか（他社にない自店の独自の強みや差別点）
・主力品群は何ですか（セールスポイント、その商品の自店独自の特徴）
・主となる客が納得する値付けとその比較対象、コストパフォーマンス（主力品群の価格帯や一番商品の価格）
・年間を通しての独自の商品の強化とその印象付け（商品のフェア、季節展開）
・独自性及び、主力品群の品揃えとその目標（季節感、新商品の計画）
・それらを代表する印象付けの一品＝一番商品（お客様が必ず買うもの）
・独自性を印象付ける商品名とその数（たとえば、熟成・○○産・○○製）

あなたが描く、あなたの店の商品について明確に書き上げましょう。

商品コンセプトシートの例

❶

メインになるお客様は誰ですか？

ご近所のパン好きな女性、ご家族

❷

他店にはない自店独自の強みは何ですか？

（他社が絶対にしない、自店が限定して行なうこと）

パンだけの製造販売だけでなく、パンをおいしく召し上がっていただくための提案力（パン・関連商品・レストラン・デリバリー）

❸

その独自性の強みを持つ、主力品群（25～30品）は何ですか？

食事動機のパン

❹

その強み（セールスポイント）は何ですか？

イースト酵母をできるだけ少なくして時間をかけて、粉の風味を引き出す

スクラッチベーカリー

3日以上かけてクロワッサンをつくること

❺

その強みを持つ代表する印象付けの「一番商品」は何ですか？

クロワッサン

発酵バターを折込み成熟させた本場フランス・パリのムッシュタピオの店と同じ製法

❻

メインのお客様が納得する値付けは？

①一番商品は？

②食パンは？

③中心価格帯は？
（一番商品が集中する価格帯）

❼

商品群の品揃えとその売上構成の目標は？

①食事パン10品	25%
②菓子パン15品	40%
③惣菜パン10品	10%
④サンドイッチ7品	10%
⑤焼菓子5品	5%
⑥惣菜5品	5%
⑦関連商品15品	5%

❽

自店の独自の強みを印象付ける商品名とその商品のポイント（形、味、食感など）

①クロワッサン・クロワッサンダマンド＝発酵バターを折込み、3日以上時間をかける

②かもめパン＝体の調子を整え、生命力を高めるミネラルたっぷりの新潟県産のアオサ入り

❾

パンを通して、お客様に何を提供したいですか？

**「パンのある
おいしい生活」**

2 圧倒的一番商品のつくり方

売上を伸ばす、安定させる一番商品をつくること

売上を上げる、安定させるには、「圧倒的一番商品」の一品をしっかり持ちましょう。

売上アップの原則に、「一番商品の売上を上げれば、二番目に売れる商品もそれにつれて、上がってくる。さらに、三番目に売れる商品もそれにつれて上がってくる」というものがあります。売上高上位商品の伸びが全体の売上を上げる仕組みとなります。

圧倒的一番商品の単品売上目標は、全体売上高の15％で、次の一番商品は単品で10％を占めることを目標にしましょう。

たとえば、日販が10万円の店で、１５０円の圧倒的一番商品があるなら、販売目標数は１００個です（10万円×15％÷１５０円）。同じく１５０円の一番商品の目標数は、66個となります（10万円×10％÷１５０円）。

圧倒的一番商品のつくり方

圧倒的一番商品となりやすいパンは、マーケットサイズ（1年間一人当たりパンの支出金額）の大きいものです。

マーケットサイズの42％を占めるのが菓子パンで、その代表はあんパン、クリームパン、メロンパンです。次に、約30％を占めるのが食事パンで、食パンが代表的です。また、どこのパン店でも人気の惣菜パンの代表、カレーパンがあります。以上が圧倒的一番商品になり得るパンです。

1年中通してお客様が買うこれらの定番パンに独自の魅力を付加してください。そして、お客様自身で食べることに加えて、手土産になるといった、購入動機の広いものがよいでしょう。

そして、自店の独自の特徴を持たせましょう。①サイズを通常の１・５倍以上にボリュームアップする。逆に70％以下のミニサイズにする。②具材を多くする（あんパンの場合、生地35ｇ＋あん40ｇといった具合）。③具材があるパンは具材を自家製にする。④上質な素材、限定的な素材を使う（こだわりの小麦、カレーパンの場合なら和牛すじを使用など）。⑤独自の製法（自家製酵母使用、○○酵母使用、○○製法など）。⑥独特の食感にする。⑦おいしそうに感じるネーミングをつける。

できる限り、生産性の高い商品となれば最高です。一人1時間当たりの生産金額は２〜３万円が目安です。

圧倒的一番商品を売ろう

● 「クロワッサン」で人気No.1の「クロワッサン」

● 「レ・プレジュール」で人気No.1の「クロワッサンプリン」

● 「ダーシェンカ」で人気No.1の「ダーシェンカ」

3 品揃えの原則と価格構成の原則を知る

品揃えの原則を知ろう

品揃えの原則を知ったうえで商品構成をするのと、知らずにするのとでは、天と地ほどの違いがあります。品揃えの原則とは、商品構成をするうえで基本となる数値です。

ここで大切なことは、創業時に決めた基本コンセプトと商品構成を揺るがすことなく、繁盛させていくための強い信念を持ち続けるということです。

時として、迷いが生じたりしますが、品揃えの原則を知っておけば、うまく修正することができます。

左ページの上表のように、３・５・７という数字の組み合わせで品揃えをしていきます。

①主力品群…専門的な品揃えで、店を代表する品群は25～30品以上必要
②準主力品群…1品群15～20品
③その他の品揃え…1品群14品以下

また、専門店として成立する最低品目数は30～70品です。たとえばミスタードーナツは、ドーナツが約25～30品あるからこそ、ドーナツ専門店といえます。

そして、単品が7品あると品揃えが豊富と感じられるため、自店で最重要商品として扱いたいパンについては、最低7品は必要です。たとえば、ドーナツ類で7種類揃えるのです。

価格構成の原則

価格構成の原則とは、価格帯と品目数の構成のしかたを整理したものです。

左ページ真ん中の表のように、価格戦略には2通りあります。一番店と二番店で、構成比が少し異なります。全国のパン店の一般的中心価格帯（品揃えが最も集中している価格帯）は、１００円～１３９円です。そこで、

①一番店…中心価格帯より高いほうに品揃えを多くする
②二番店以下…中心価格帯より価格の低いほうに品揃えを多くし、集客力を高めようと考える

という2通りの品揃えです。

他に、「お値打ち政策」という手法があり、これは、中心価格帯を含めて、低価格帯に全体の60％以上の品揃えを集中させるというものです。

価格をほぼ均一的に見せて集客力を高め、品揃えの原則に従って各品群毎の商品数を決めていきましょう。

品揃え戦略を考えよう

●品揃え原則

品目数	品群として成立する品揃え	総品目数として見た場合
3	最低数の品揃え	
5	単品別では標準的品揃え	
7	単品としては品揃え豊富	
30	☆主力品群成立	専門店として成立する最低ラインの品揃え
50		専門店としては品揃え豊富
70		専門店で品揃え。お客様が選択をするのが困難になる

●価格構成の原則

①まず、中心価格帯を決定する（下記表の場合は100～139円）
②価格（プライスゾーン）は5ゾーン設定する

※お値打ち政策の例

		(一番店)	(一番店)	(二番店)
低	一般的に～49円 ①	2%		
	一般的に50～79円 ②	5%	3%	7%
	一般的に80～99円 ③	15%	20%	30%
	一般的に100～139円 ④	35%	40%	40%
	一般的に140～179円 ⑤	25%	30%	20%
	一般的に180～219円 ⑥	15%	7%	3%
高	一般的に220～299円 ⑦	3%		

一番店：高いほうへ品揃えする（④から下へ）
二番店：低いほうへ品揃えする（④から上へ）　②～④計77%

●全体品揃えイメージ

商品群 ＼ 一日の売上目標	10万円未満 品目数(目安)	11～19万円 品目数(目安)	20万円～ 品目数(目安)
1.菓子パン	25	15～25	15～25・30
2.デニッシュ	5～7	5～7	7～9
3.調理パン	10	15	15～25
4.サンドイッチ	10	9～15	15～25
5.食パン	3	3	5～7
6.テーブルパン	3	3	3～5
総品目数	約50品目	約50～70品目	約70～90品目

4 食パンの売れる店が繁盛店の条件

マーケットサイズの大きさが一番商品の条件

パン全体のマーケットサイズ（支出金額）は、一人当たり約１万１０００円です。そのうちの約30%を占めるのが食パン類で３１９０円、42%が菓子パン類です。惣菜パンやサンドイッチが15%、デニッシュが13%となっています。

繁盛店に共通する条件は、このマーケットサイズの３分の１を占める主力の食パン類を大量に売るということです。地域内で一番多く食パン類を売り切るのです。

売上目標は、全体の売上に対して角食パン単品で15～20%を目指します。例として、１斤２５０円として考えてみましょう。

・日販７万円の場合、１日42斤以上（１万５０００円）
・日販10万円の場合、１日60斤以上（１万５０００円）
・日販20万円の場合、１日１２０斤以上（３万円）
・日販30万円の場合、１日１８０斤以上（４万５０００円）

食パンは毎日食卓に上がるものですから、お客様を固定的に来店させられる唯一のパンです。その他のパンは嗜好性のあるものですから、毎日購入されるわけではありません。焼きたて食パンのイメージが、その店全体の焼きたての印象を強くします。

食パンを一番商品化するための10の取り組み

①独自性の強い食パンをつくり上げる（もっちりの食感、〇〇小麦１００%など）
②１日３～５回以上焼き上げ、「焼き上がり時間」表示ボードを掲げる
③単品の食パン、４～５種類の量での販売（１本、２分の１本、１斤の場合は４、５、６枚にスライスしたものの少量販売、２～３枚入りなど）で販売する
④食パン専用コーナーづくりとおいしさＰＯＰ付け
⑤個別対応のスライスサービス
⑥食パンに合う当店オススメの一品販売
⑦「おいしさ説明」をしながらの手渡し
⑧「ご予約承ります」という予約ボードの設置
⑨食パンのおいしさ説明入りミニビラ
⑩贈り物にもできる包装材の充実

ぜひ、このような取り組みを行なってみてください。

食パンに力を入れよう

●パンの種類別マーケットサイズ

パン	食パン	3,190円(29%)
	菓子パン	4,620円(42%)
	調理パン	1,650円(15%)
	デニッシュ	1,430円(13%)
	フランスパン	110円(1%)
		11,000円

（2013年　矢野経済研究所調べより）

●食パン専用コーナーの展開

●焼き上げ表示ボードときめ細かなサービス

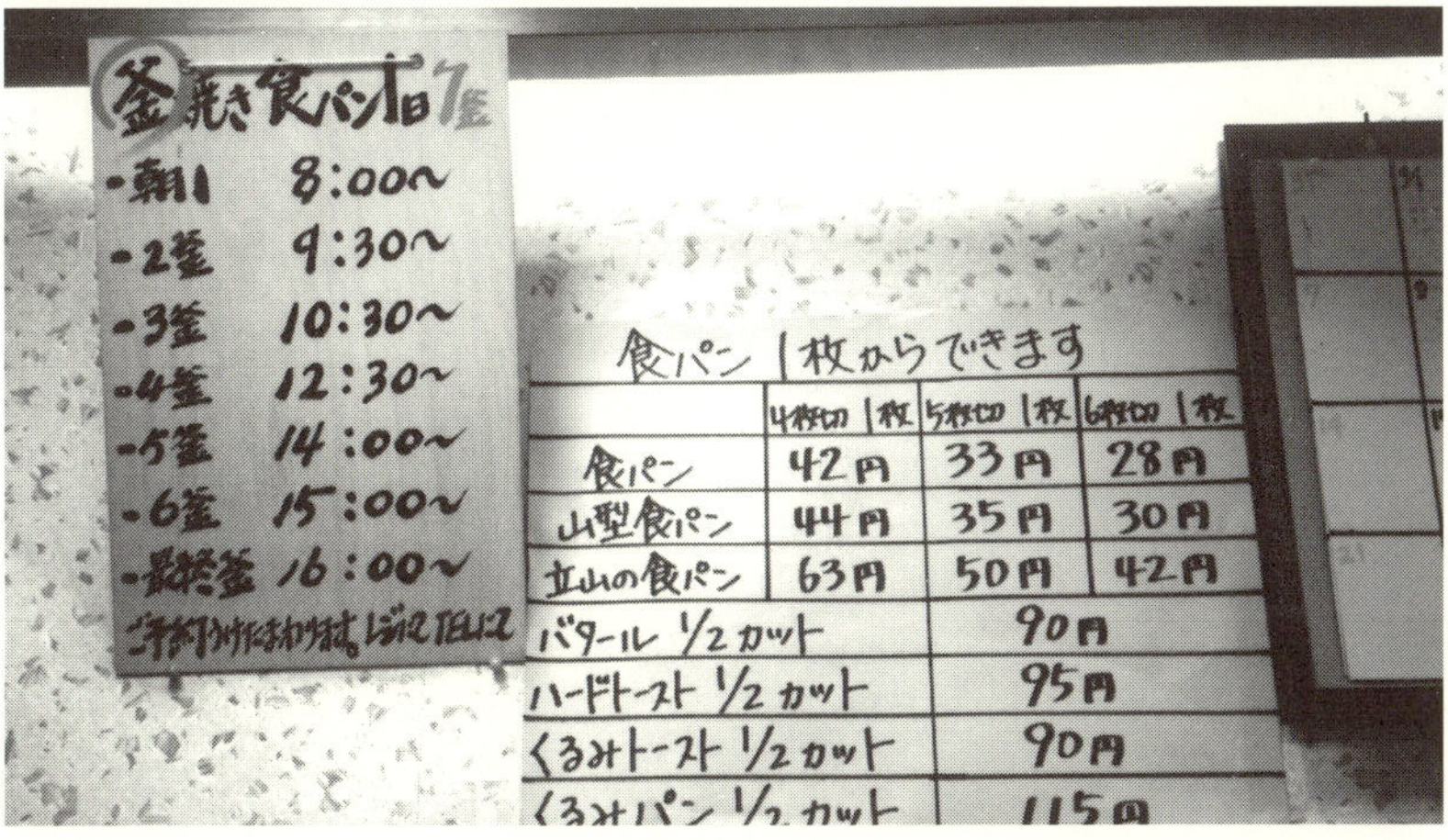

5

お客様が買いたくなる商品づくりのポイント

お客様が食べたいパンは「焼きたて」

ここ20年、「焼きたてパン」が当たり前になったパン業界です。これはパンだけに限らず、食品全般で、「できたて・つくりたて・揚げたて」といった、常に新鮮な商品の提供が行なわれています。

デパ地下や食品スーパーに入っているパン店のリニューアルにはいつもワクワクさせられます。それは、パンをつくっている現場が見え、そこででき上がったものが、即、店頭ケースに並べられているからです。

このことを私は、「わかりやすい」と表現しています。お客様は成熟すればするほど、わかりやすさが必要になってきます。パンについていうと「焼きたて」が目で見てわかるようにする、ということです。

そのためには、来店ピーク時間に合わせてパンの焼き上げを集中させることと、頻繁な品出しが大切です。

「おいしそう」に見えるパンづくりを

次に大切なのは、見た目が「おいしそう」ということです。私はこのことを、「パンの表情が豊かである」といっています。

パンの表情が豊かな店では、お客様がパンと会話をしています。そして、そのような店だからこそ繁盛店になっています。店内では、「あらっ、これもおいしそう！」という声がよく聞かれます。

パンの表情づくりでは、次の3つがポイントです。

①具材が多くてわかりやすいこと（割合として具材5対生地5）
・トッピングの場合…チョコレートが見える、パンの表面いっぱいにチョコレートがのっている
・フィリングの場合…パンを半分にカットし、中身の具を見せてサンプルにするなど、売り方の工夫が必要
②生地の量が多いこと（150グラム以上）
③パンに表情を持たせること
・ふっくらとし、高さがある
・断面が見える…層が何層も見える
・表面積を広くする工夫…直径8センチ以上
・仕上げのひと工夫…チョコレートを線がけするなど

見た目でお客様が食べたくなるようなパンづくりをしましょう。

お客様が買いたくなる商品づくりを！

●それぞれのパンの表情が豊か

●具材がいっぱいで食欲をそそる

6 売上を安定させる「売れ筋商品」

いかに売上を安定させるか。決め手は「売れ筋商品」

私は、パン店開業はある意味、誰でもできると思っています。それよりも、継続して営業できるか、その経営力のほうが大切だと思います。長く営業し、そして利益を出し、まずは経営者自身が豊かに幸せになって欲しいのです。

売上を安定させ、利益をしっかり出せるのは、「売れ筋商品」と「売り筋商品」の２つをしっかりと提供できるお店だけです。

「売れ筋商品」とは、どこのパン店でも売れている人気、定番のパンです。

なじみがあるので、勝手に売れていくパンです。価格はより安めで、どこのパン店で買って食べても、「まずい」といわれることはほぼありません。

具体的な種類をあげます。食パン。菓子パンの御三家、あんパン、クリームパン、メロンパン。惣菜パンの一番商品といってもよいカレーパン。調理パンの代表のコロッケパン、カツサンド、焼きそばパン。そして、日本人が大好きな明太フランス（明太子入りフランスパン）です。

「売れ筋商品」に独自性をつけてより人気を出す

この人気、定番パンが他店よりも人気を上げて、ドンドン売れれば、お客様の安定的来店につながります。

さらに、繁盛パン店にするためには、「売れ筋商品」に独自の特徴付けをし、他店よりおいしいと実感できる「売り筋商品」をつくることが必要です。工夫の例を次にあげます。

・カレーパンの場合、具材に和牛のすじ入りで自家製にする。肉の塊をゴロゴロ入れる。大きくして２００円（一般的には１５０円が相場）にする。５分毎に、アツアツの揚げたてを提供する。

・クリームパンの場合、生地を菓子パンではなく卵の入った黄色の甘味のあるブリオッシュ生地に。クリームを生地の中に包み込まずに、トッピングにする。

・メロンパンの場合、他のパンの群を抜いてバリエーションがつくれるパン。メロン皮（パンの上のサクサクとした部分）に、粒砂糖をトッピングして、キラキラ、ザクザクとした食感に仕上げる。皮をチョコレート味のクッキー生地にする。

これからは「売れ筋商品」と「売り筋商品」の両方を持とう

	売れ筋商品	売り筋商品
特徴	・どこのパン店でも売れている定番のパン ・なじみのあるパン	・他店にない独自のパンで売り込み必要 ・店の理念や哲学といった“店の思い入れ”を商品化したパン ・時流の先取り
価格	基本的価格 ～ 安め	・高め ・基本価格×1.3～2.2 ※菓子パンの場合、140～179円
たとえば	・あんパン　90～120円 ・クリームパン　90～120円 ・メロンパン　90～120円 ・カレーパン　100～130円	[事例] ・札幌「どんぐり」の「ふわふわメロンパン」　160円 ・福井「レ・プレジュール」の「もっととろけるクリームパン」　165円
頻度	一定か低い	目的性が強く、頻度は高まる
人的サービス	0《ゼロ》、省力型	・付加型 ・「おいしさ説明」や試食などでオススメが必要
利益	一定もしくは低い	高め
客単価	売れ筋商品ばかりだと低い	高くなる傾向にある
集客	一定	圧倒的に大

7 お客様に目的来店してもらえる「売り筋商品」を持つ

個性的パン店には必ず「売り筋商品」がある

「売り筋商品」を持つお店は、個性的パン店です。客単価が高く、来店頻度も多く集客力も高いのが特徴です。広域からのお客様の来店につながり、ますます成長していきます。本当に魅力的なパン店といえます。

「売り筋商品」は、お店の思想、哲学、思い入れの強く入った商品です。基本的に、値段が高くなり、したがって〝人が売る力〟が同時に必要な商品です。

「売り筋商品」づくりには3つのポイントがあります。

①基本的価格帯の1・3～2・2倍（売りやすい価格は1・5倍。食パンの場合は330円。また、サイズが一斤450gの一般的なものの約50％以下の約220gと小型のものなど）

②素材もそれに見合った厳選素材（小麦粉は、国内産○○使用、フランス産の○○チョコレート使用など）

③技術力が高い

④時流をつかみ、センスのよさとハイイメージが加味されたもの（かわいい、極端に小さい、ケーキのようにきれいなデコレーション）

そのような商品が、全体構成比の50～70％を占めると理想的です。このような独自性の強い、個性的なパン店は立地もよいと思ってください。このような店舗では客単価は1500円以上となるでしょう。

ここで、全品は難しいと思った方は、「売り筋商品」を7～10品つくりましょう。これは、毎月のフェア商品でもいいのです。この「売り筋商品」がお客様の目的来店につながります。

おいしさをよく知る販売スタッフさんが必須

個性的なパン店では、パンの単価が高くなります。ですから、そのおいしさを説明できる販売力が必要です。

都内の超繁盛店のスタッフは、「生地ものの食事パンは見ただけではその味がわからないため、一度食べてもらうことが、一番早くお客様に納得してもらえる方法です」とおっしゃっていました。私も本当にそうだと思います。その店では、2種類の試食を出して、「2つ食べてもらったら、その違いもわかりやすいと思います」と説明してくれました。私は一度でそのお店のファンになりました。

「売り筋商品」で集客しよう

8 これからは「手づくりで新鮮」がキーワードに

なじみ商品の手づくり化

これからのパン店が狙うべきマーケットは、中～小商圏立地で、より専門的な品揃えの店です。客単価が８５０円以上のＣゾーン（左ページ上表参照）になります。総合型品揃えのＡゾーンでは集客は難しいでしょう。コンビニ、スーパー、量販店との競争が厳しい市場だからです。

小商圏のパン店が苦戦してきたのは、それらの競合店への対抗策が立てられないほど、価格競争が厳しいものだったからです。しかし、ＡゾーンからＤゾーンに移行できたパン店は営業を継続しています。

どんなパン店でも、売れ筋のパンは同じです。食パン、あんパン、メロンパン、クリームパン、カレーパン、コロッケパンなどが上位10品に入ってきます。これらはマーケットサイズが大きい商品です。

これらの商品について、他店と自店との違いがはっきりとわかるポイント（差別点）をつくり上げましょう。

差別点をつくるには「絶対に、この店のほうがおいしい」といわせるだけの裏付けが必要です。そのために、最低限、具材の自家製が必要です。

具体的には、①あん、②カスタードクリーム、③カレー、④コロッケの４つの具材です。

試作を重ね、「おいしい具材づくり」に取り組もう

私のお付き合い先のＰ店では、製あん機（１台１００万円）を購入し、2日に1回の頻度で自家製あんを炊いています。はじめに技術指導を受け、今ではオーナー好みの甘さ、硬さに仕上げています。

ほかにも、50センチくらいの大鍋で、あんを炊いているパン店もあります。カスタードクリームは鮮度が重要なので毎日つくります。

カレーは毎日もしくは2日に1度、炊き上げます。肉のゴロゴロしたルーや辛味の効いたルーなど、食感や味のオリジナリティを持たせることができます。

コロッケやポテトサラダは、新鮮なジャガイモを茹でて毎日つくります。すぐに傷む具材ですから、注意してください。

いずれの作業も1時間程度を要しますが、なんといっても手づくりで新鮮なものですから、自信を持っておすすめできること間違いなしです。

商品構成のルール化

①より専門性を追求しよう

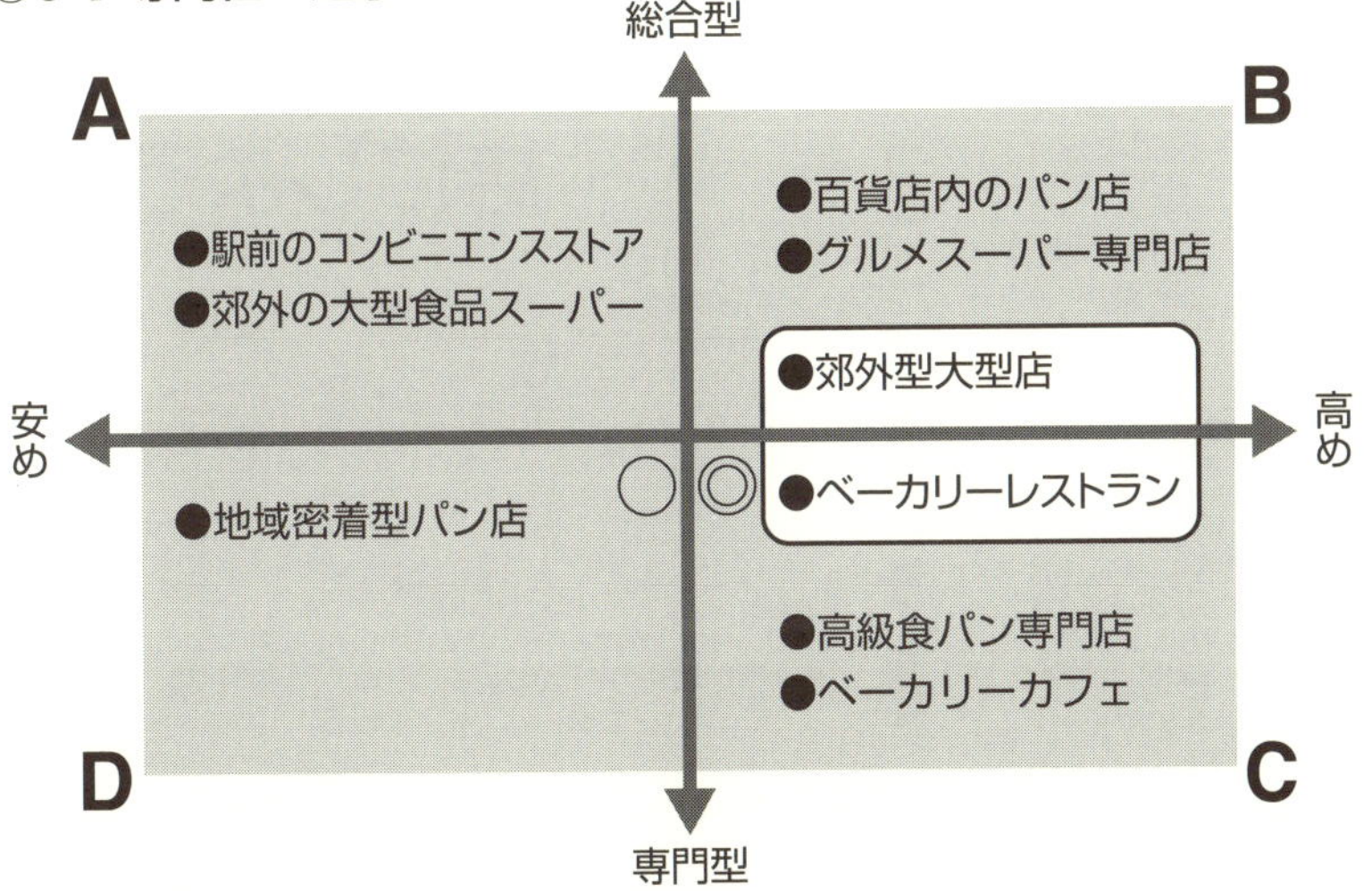

②自店のテーマを見つけ、わかりやすくする

(1)焼きたて

①入口のインパクト
②オーブンが大きい（※石窯）
③オープンキッチン
④品出しの多さ（閉店時間まで焼き上げる）
⑤山積みされる
⑥時間表示される

(2)製法の特化

①○○製法
②当日仕込んで、当日売り切る
③フィリングの手づくり
④機械による圧倒的生産性の高い商品づくり

(3)おやつ動機に特化

菓子パン
（マーケットサイズの大きいもの）

(4)1番がある

①食パンの品揃え（厚さ、枚数）
②焼き上げ回数の多さ
③圧倒的生産性の高い商品

(5)お値打ち

①具材のボリュームの多さ（トッピング50%）
②ボリューム（感）
③少量、高品質

(6)品揃えの圧倒的多さ

200アイテム以上
（売上100万円以上／日の場合）

(7)食パンに特化

①独自性のある食パン
②高品質、高単価
③ギフトになる（マーケットサイズの大きいもの）

9 自店テーマを決めて、集客力のある店にしよう！

独自性は、針のようにとがっていたほうがいい

メインコンセプトは、一番の核となり、「パンを通してお客様へ何を提供したいのか」それが、針のようにとがったものほど、集客力があります。

「日本一高い山は？」と聞かれれば、日本人なら「富士山」と間違いなく答えられます。富士山は世界遺産にもなり、世界中から観光客を集めています。それと同じように、あなたのお店にもお客様を魅了する独自性が必要です。

繁盛パン店のコンセプトと商品の魅力を紹介

藤沢市にあるパイニイでは「生活の中にパンを」をコンセプトにし、パンの製造販売に限らず、レストランも営業しています。パンと一緒に揚げ物やサラダなどの惣菜が揃えられています。サンドイッチとおかずが一緒になった、パーティーサンドや会議用のランチサンドがあったりと、お客様の生活のシーンに合わせた品揃えです。パンのおいしさを堪能できる楽しさいっぱいのお店です。

福井市のレ・プレジュールは、「みんなでワクワクするような、新しいものを低価格、高品質で提供し、社会を明るくしていく」というコンセプトを掲げています。パン店では珍しい、圧倒的一番商品のクロワッサン入りプリンがあります。人気10品はほぼ甘いパンで、デザートにもなる菓子パンが揃います。

経営者独自のユーモアたっぷりの商品が並び、お客様の笑顔がいつもいっぱいのお店です。「メロンパンにあこがれているトースト」なんて、クスッと笑えるネーミングで、心がほっこり温かくなります。

札幌市のどんぐりは、忙しいお母さんたちに代わって、家族の健康と笑顔を思いながら「家庭的、庶民的なお店づくり」を目指しています。その品揃えは日本一レベルの２００種を超え、店内を見渡すと、「うわー！　こんなパン初めて見た！」と驚きます。その主婦的感覚の惣菜パンが、老若男女に大人気です。

その代表は、お客様との会話中に誕生した「ちくわパン」。特製ちくわに、玉ねぎとツナマヨが一本ずつ手詰めされたちくわパンは、１日５００～１０００個売れるそうです。チーズフオンデュの入ったフオンデュグラタン、カツ丼パンも栄養バランスのよさを感じることができます。

店のテーマに合わせた商品づくり

●「パイニイ」のクリスマス用チラシ

●「レ・プレジュール」の「メロンパンにあこがれているトースト」

10 売れるネーミングのポイント

「お客様視点」で本能を刺激するネーミングをしよう

ネーミングのポイントは、「店視点」ではなく、「お客様視点」です。商品名を見て、お客様が「おいしそう」とイメージできることが重要です。

そのポイントのひとつは「オノマトペ」です。フランス語で擬声語を意味します。擬声語とは「ザクザク」「バリバリ」といった音の表現の擬音語と、星が「キラキラ」、雲が「ふわふわ」といった状態を感覚的に言い表わす擬態語の両方のことです。日本語には４５００語もあり、世界一の多さといわれています。

お客様の本能を刺激するには、この「オノマトペ」をネーミングに入れたいものです。パンを食べたときの食感を表現しましょう。

サクサク、ザクザク、バリバリ、とろとろ、ふんわり、ふわふわ、もちもち、もっちり、ゴロゴロ、さっくり、商品を表現するオノマトペはたくさんあります。商品名にすると、「ザクザククロワッサン」「ふんわり食パン」「もちもちドーナツ」「ゴロゴロ和栗パン」となります。既存商品をリニューアルする時にも活用できます。

おいしさは素材、形の表現でも伝わる

次に、その商品の一番食べて欲しい素材を表現する方法があります。たとえば、京都の繁盛パン店では、次のような商品名でお客様の心をぐっとつかんでいます。

・福岡の有名店の明太子をつかっている明太フランスは「博多」

・栗がトッピングされたフランスパンは「和栗のパン」「山栗ショコラ」

・黒豆がトッピングされたフランスパンは「丹丹フランス」

このように、一度聞いたら、忘れられない独自の商品名をつけています。つまり、商品名にも表現できる厳選された素材を選ぶことも大切ということも考えられます。

アメリカのある繁盛スーパーでは、「マフィンの上のサクサクしたクッキー部分だけを焼いた商品が欲しい」というお客様の声から開発された商品に、「マフィントップ」というそのままの名前がついています。私のお付き合い先のパン店でも「メロン皮そのまま焼いちゃいました！」というネーミングの商品が話題となっています。

オノマトペを活用しよう

5章

繁盛パン店づくりのための店舗経営のしかた

1

食パンを地域で一番売り切ろう！

一番商品の売上が上がると、他の商品も売れる

繁盛パン店の条件は、食パンがどんどん売れることと述べました。ここでもう一度、マーケティングの原則に照らして、このことを説明します。

まず、左ページの図のように、一番売れる商品の売上高順に並べていきます。原則通りだと、一番売れているものの70%が二番目に売れているものの売上（もしくは販売個数）になります。そして、二番目に売れているものの70%が三番目に売れているもの……と、順に7掛けの売上、もしくは個数になっていきます。

ところが多くのパン店の場合、お客様の動向とはうらはらに製造状況に左右されてしまい、「売り切れご免」が常であるため、こうならないケースがほとんどです。

お客様が欲しい商品を欲しい時に欲しいだけ店が商品を提供できていれば、図のようになるはずです。

パン店の場合、一番商品はほとんど「食パン」です。その売上が上がるにしたがって、各商品の売上が上がります。ただし、その逆もあります。つまり、一番売れているパンの売上や販売数が減ることは売上不振の危険信号です。

食パンを育てる4つの活動

食パン育成のための4つの店内活動を紹介します。

・6ヶ月間有効な食パンクーポン券配布
・3ヶ月間の試食
・スライスサービス
・ご予約ボードの活用

まず、開店当初におすすめしているのが食パンクーポン券です。とにかく、食べていただかないことには始まりませんから、一斤20円引き程度のもの、それを5〜10枚つづった券をイベントの時に期間限定的に配ります。

食パンが、お客様をお店に固定化させる一番の商品です。食パンをお客様の食卓に根付かせるためにかかる期間は6ヶ月が目安です。ですから、クーポンの有効期間は6ヶ月必要なのです。

同時に、販売目標数の食パンを焼き上げ、3分の2は販売し、残る3分の1を試食用としてプレゼントしましょう。試食の量は6枚スライス1枚か2分の1枚です。

また店内では、お客様の要望に応じて、対面でスライスサービスをします。

食パンの売上を伸ばして全体売上も伸ばそう

●マーケティングの原則では…

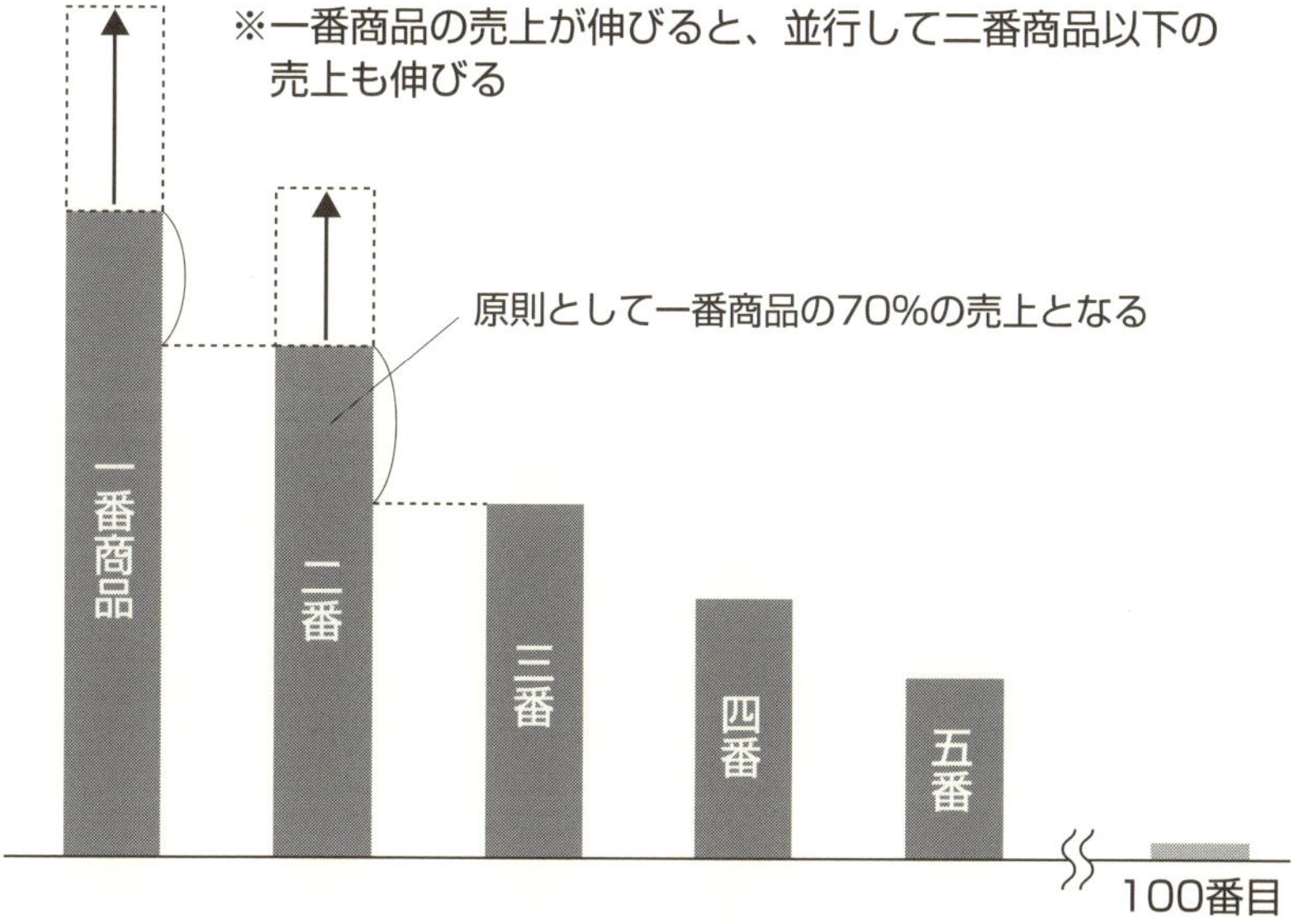
※一番商品の売上が伸びると、並行して二番商品以下の
売上も伸びる
原則として一番商品の70%の売上となる
一番商品
二番
三番
四番
五番
100番目

BAKERY

2 食パンは毎日食べること

一番おいしい食べ方と食べ頃を知る

食パンが、その店全体の商品の品質イメージを決めるといっても過言ではありません。

ですから、食パンのおいしさが繁盛の決め手になります。

経営者はもちろんのこと、製造、販売の皆さんも、毎日食パンを食べる機会をつくってください。スタッフルームにオーブントースターを置いて、焼いて食べてみてください。

・トーストする時間の長さ
・好みの厚さ
・何をどのくらいつけると、最もおいしく食べられるか

人それぞれの好みもありますが、一度、自分の店の食パンのおいしい食べ方を決めてみてください。それをお客様に直接お伝えし、自店の食パンをおいしく味わっていただきましょう。

焼きたて2、3日後の食パンを食べてみる

パン店で働く人のほとんどが、「うちのパン、おいしいんですよ」とおっしゃいます。

しかし、私にはそう思えないことも多いのです。では、なぜ「おいしい」とおっしゃるのでしょうか。

それは、いつもアツアツの焼きたての新鮮なパンを口にしているからです。

しかし、多くのお客様は、焼きたてから何時間も経ってから食べることが普通です。翌日に食べるケースも多いでしょう。そこで、お客様と同じ経験をしていただきたいのです。

つまり、2、3日おいた食パンを食べてみるのです。

そして、いつが食べ頃なのか、何日目においしい基準からはずれるか、どのように保存すればよいかを調べ、お客様に伝えましょう。

このことを実際に取り組んでいるパン店では、全スタッフが自分の店のパンについて、興味や愛情を持つようになり、食パンのおいしさに自信を持つようになります。そんなスタッフたちがいる店なら、お客様はお気に入りの食パンに出会えるでしょう。

最近の注目店として、高級食パン専門店があります。「食パンをおいしくお召し上がりいただきたい」との経営者の思いが伝わるツールづくりも大事だと思います。

食パンのおいしい食べ方を伝えよう

食パンのおいしい食べ方

この度は、ABC ベーカリー自慢の食パンをご購入いただき、
ありがとうございます。

●おすすめのお召し上がり方

- 北海道産小麦○○を使用している当店の食パンは、お買上げ当日はそのままお召し上がりいただき、もっちり感をお楽しみください。
- 翌日は、オーブンで軽くトーストすることをおすすめします。焼きたてと同じ香りをお楽しみいただけます。
- 翌々日以降にお召し上がりになる場合は、お買上げ当日にラップでくるみ、冷凍しておくことをおすすめします。お召し上がり前に半解凍し、オーブンでトーストしていただくと、外はさくっ、中はもっちりとした食感を味わえます。

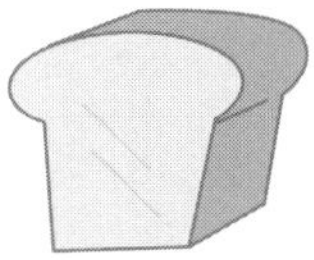

●食パンをお買い上げのお客様に渡そう

3

売上安定のために「おすすめ10品」を決めてアピールする

食パンに次いで大切な「上位10品」

前述したように、一番商品の売上アップが、それ以降の商品の売上アップに比例していきます。上位10品は次にあげるようなパンで、どのパン店でもほとんど共通しています。

食パン、あんパン、クリームパン、メロンパン、カレーパン、コロッケロール（サンド）、カツやポテト、タマゴなどのサンドイッチ、チーズ入りのパンです。

自店の売れ筋は、他店の売れ筋でもあるのです。ですから、絶対的なおいしさで差別化できれば、自店の集客力は間違いないでしょう。

このため、他店と異なる、自店独自の取り組み＝上位10品の商品の差別点を、お客様にわかりやすく、店内で表現します。具体的には、次のような手法が有効です。

①「当店おすすめ10品」ボードの設置
②通常の1・3倍の大きさのプライスカード表示
③上位10品は必ず試食を出す
④自家製具材の紹介とミニビラの配布

上位10品を試食して定期的な見直しを

この上位10品については、年に4回、全スタッフで試食をしてみてください。

「おいしいか」「見た目や形はおいしそうか」「生地と具材のバランス」「値段は妥当か」について、自信を持って販売できるか、皆さんで話し合ってください。

もし、マイナスの意見が出た場合には、見直し改善をするべきです。自信が持てないとわかったまま放っておくことは、お客様の信用を失うことにつながります。

私は、お付き合い先で店舗チェックをするとき、この上位10品を、ほぼ毎回食べるようにしています。毎回口にしていると、私自身の五感も磨かれていくような気がします。そして、食感や味の違いがわかるようになります。

私の特技でもありますが、パンを持っただけでその重さが何グラムかわかります。またそのパンの表情から、色、ツヤ、形のバラツキで、工場、製造の状態もわかるようになります。

経営者をはじめ、全スタッフが自店のパンに対して、高い品質の判断基準を持って欲しいものです。

人気10品のボードを掲げよう

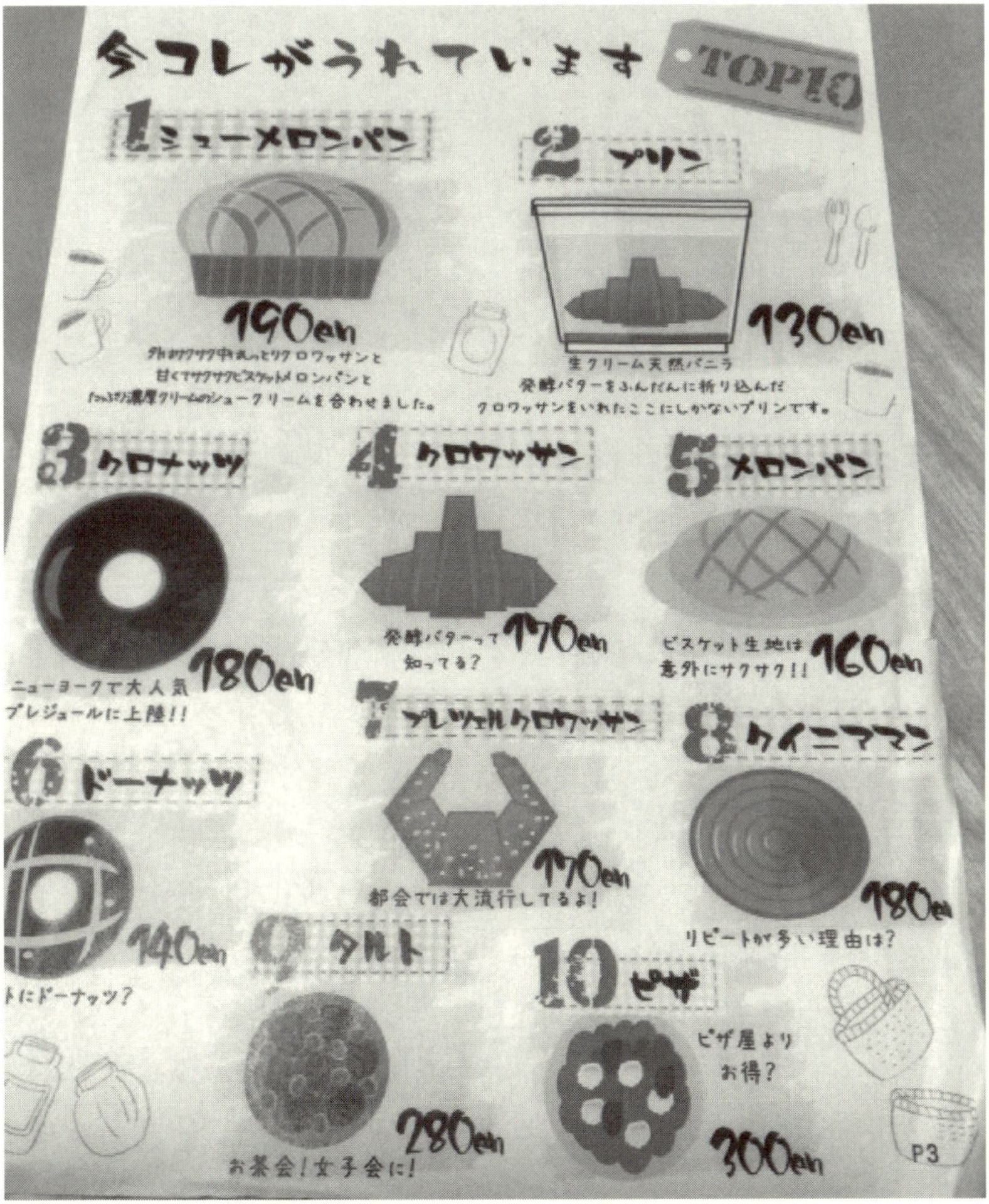
今コレがうれています
TOP10
1 シューメロンパン
190en
外はサクサク中はしっとりクロワッサンと
甘くてサクサクビスケットメロンパンと
たっぷり濃厚クリームのシュークリームを合わせました。
2 プリン
130en
生クリーム天然バニラ
発酵バターをふんだんに折り込んだ
クロワッサンをいれたここにしかないプリンです。
3 クロナッツ
180en
ニューヨークで大人気
ブレジュールに上陸!!
4 クロワッサン
発酵バターって
知ってる?
170en
5 メロンパン
ビスケット生地は
意外にサクサク!!
160en
6 ドーナッツ
140en
にドーナッツ?
7 プレッツェルクロワッサン
170en
都会では大流行してるよ!
8 クイニアマン
180en
リピートが多い理由は?
9 タルト
280en
お茶会!女子会に!
10 ピザ
ピザ屋より
お得?
300en
P3

4 売れる月に、売れるパンを売り切ること

「ピークタイムマーケティングの原則」とは

開店後の1年間だけなら、繁盛店になることは簡単なことだと思います。

しかし、店は2年目からは劣化していきます。常に新しい変化を店舗に付加していかないと、お客様の興味は年々冷めていきます。これが売上不振の原因です。

そこで、売上アップをし続ける「コツ」を知り、それを実践する必要があります。

売れる時期に売り切ると、売上は楽に上昇します。

売上は「山」の形で表現できます。パン店は一般的には、3月が一番忙しいのですが、3月が山の頂点となり、山のすそから反対側のすそまでの線が年商となります（左ページ図参照）。

3月の売上が昨年を上回れば、それ以外の月の売上もつられて上がります。そうなると、山全体が大きくなり、全体の年商も膨らんで、その年の年商は昨年を超えるものとなります。

もちろん、その逆もあります。たとえば、3月の売上が昨年の3月よりも下がった場合は、その年の売上は不振ということになります。これを「ピークタイムマーケティングの原則」といいます。

私はこの法則を活用し、3月から4月にかけて集中して、売上獲得の対策を打つようにしています。

この法則は、1週間、1日に置き換えても同様です。

1週間でいうと、一番忙しい曜日（一般的には、土曜、日曜）の売上が上がれば、他の曜日もつられて売上アップするのです。

1日単位で考えると、一番忙しい時間帯（昼の11時～13時と夕方15時～18時が多い）があり、その時間帯の売上が上がると、他の時間帯も売上がアップし、1日全体の売上が高くなるのです。

これをまとめると、

①3月・4月／土曜・日曜／昼間と夕方のピークタイムに
②売れ筋のパン（一番商品の食パンや上位10品）を対象にして販売促進を行なう

すると、売上効果が大きくなるということになります。それが1年間の年商アップにつながるのです。

ピークタイムマーケティングの原則

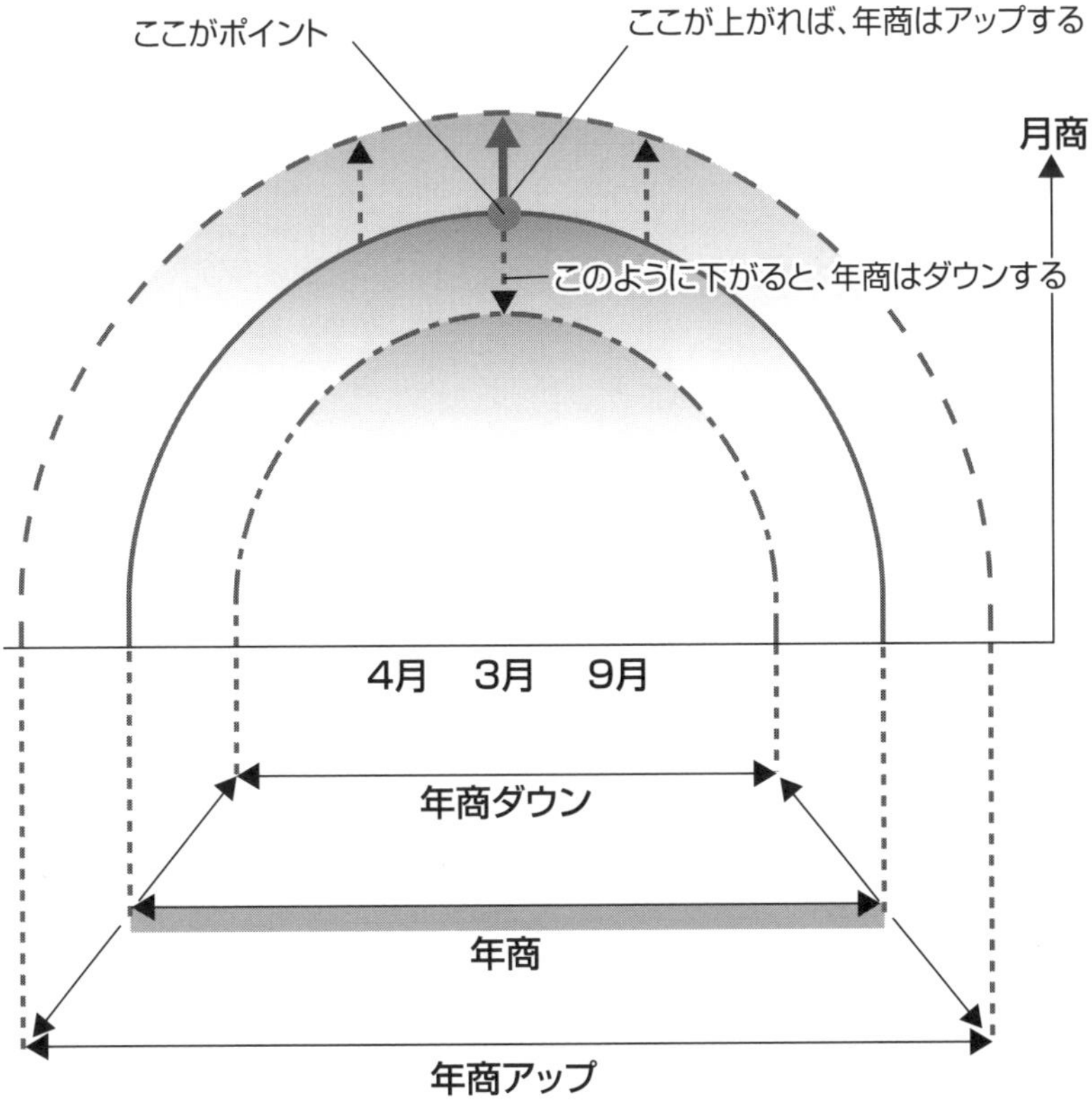

5 毎日1個、店のパンを3ヶ月食べ続けること

まず、従業員全員で食べてみる

開業前にミーティングを行なう場合、お願いしたいことがあります。従業員全員で自店で売る商品をすべて試食していただきたいのです。

試食会では、製造する人も販売する人も全員で食べてみて、パンの味について話し合います。その際、修正を加える必要があるものは改善していきます。自分たちが食べてみて、本当においしいと思えるものだけを提供していきましょう。

自信あるパンの品揃えが、経営者や従業員の自信につながり、繁盛店の一員としての自覚を促します。

またこのことは、次のようなメリットをもたらします。

・完成品を評価するため、製造者の各部署での作業がていねいになる
・全種類のパンを食べているため、お客様の質問に答えやすい
・店のおすすめパンをお客様に伝えられる
・きれいなパンを持って帰ってもらうため、包装のしかたがていねいになり、工夫するようになる
・お客様と店でおいしさを共有でき、会話がはずむ。結果的にサービスがよくなる。

各個人が食べてみる

開店後は、経営者も従業員も全員が、店のすべてのパンを毎日１個ずつ、３ヶ月間食べてみることを提案します。

営業を続けていく中で、開店当初に決めた基準のパンとズレが出てくることがあります。たとえば、重さが変わったり、形が雑になったり、仕上げがバラバラになったりしてきます。そこで、どこかでそのことに気づき、修正することが必要になります。

私は、お付き合い先のパン屋さんでは、商品ノートを１人１冊ずつつけてもらっています。そうすると、各人がイメージしている味や形、食感とは違ったパンを発見することができます。

ミーティングでその内容を出し合い、商品の見直しを行ないます。そして再度、生地、具材の重さ、成形や仕上げのポイントを整理し、見直すのです。

このようにして、開業後２年目以降も継続して繁盛店にしていくための、商品力を磨き続ける仕組みをつくり上げていきます。

従業員の商品ノートの例

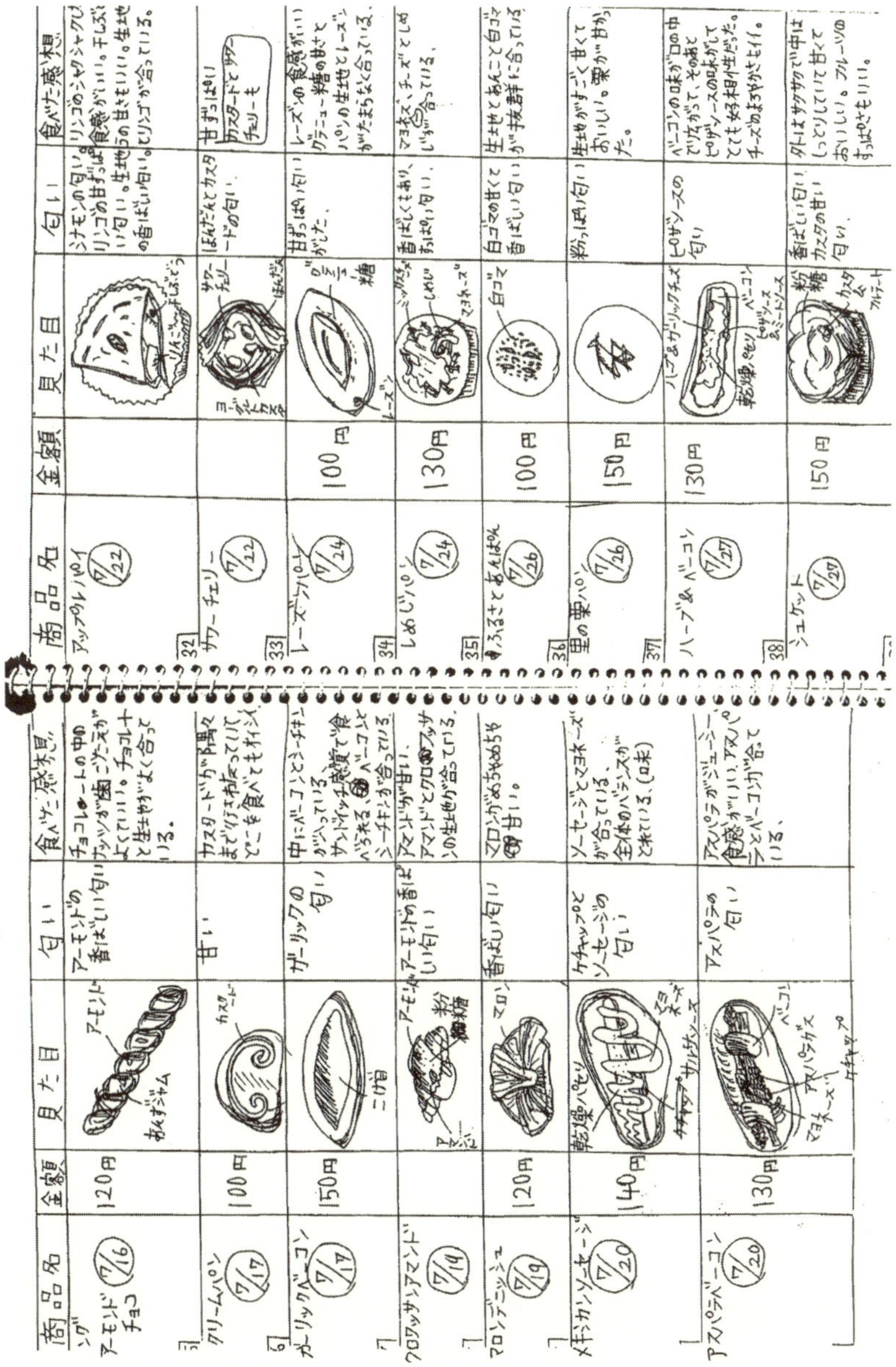

商品名	金額	見た目	匂い	食べた感想
ングアーモンドチョコ 7/16	120円	アーモンド、あんずジャム	アーモンドの香ばしい匂い	チョコレートの中のナッツが歯ごたえがよくていい。チョコレートと生地がよく合っている。
クリームパン 7/17	100円	カスタード	甘い	カスタードが隅々まで行き渡っていて、どこを食べてもオイシイ。
ガーリックベーコン 7/17	150円	こげ目	ガーリックの匂い	中にベーコンとシーチキンが入っている。サンドイッチ感覚で食べられる。ベーコンとシーチキンが合っている。
クロワッサンアマンド 7/19		アーモンド、粉糖、アマンド	アーモンドの香ばしい匂い	アマンドが甘い。アマンドとクロワッサンの生地が合っている。
マロンデニッシュ 7/19	120円	マロン	香ばしい匂い	マロンがめちゃめちゃ甘い。
メキシカンソーセージ 7/20	140円	乾燥パセリ、マヨネーズ、ケチャップ、サルサソース	ケチャップとソーセージの匂い	ソーセージとマヨネーズが合っている。全体のバランスがとれている。(味)
アスパラベーコン 7/20	130円	ベーコン、アスパラガス、マヨネーズ、ケチャップ	アスパラの匂い	アスパラがジューシー。食感がいい。アスパラとベーコンが合っている。

商品名	金額	見た目	匂い	食べた感想
アップルパイ 7/22 32		りんご、干しぶどう	シナモンの匂い。リンゴの甘ずっぱい匂い。生地の香ばしい匂い。	リンゴのシャクシャクした食感がいい。干しぶどうの甘さもいい。生地とリンゴが合っている。
サワーチェリー 7/22 33		サワーチェリー、ほんだん、ヨーグルトカスタ	ほんだんとカスタードの匂い	甘ずっぱい カスタードとサワーチェリーも
レーズンパン 7/24 34	100円	グラニュー糖、レーズン	甘ずっぱい匂いがした。	レーズンの食感がいい。グラニュー糖の甘さとパンの生地とレーズンがたまらなく合っている。
しめじパン 7/24 35	130円	ミックスチーズ、しめじ、マヨネーズ	香ばしくもあり、すっぱい匂い。	マヨネーズ、チーズとしめじが合っている。
ふるさとあんぱん 7/26 36	100円	白ゴマ	白ゴマの甘くて香ばしい匂い	生地とあんこと白ゴマが抜群に合っている。
里の栗パン 7/26 37	150円		粉っぽい匂い	生地がすごく甘くておいしい。栗が甘かった。
ハーブ&ベーコン 7/27 38	130円	ハーブ&ガーリックチーズ、乾燥パセリ、ベーコン、ピザソース&ミートソース	ピザソースの匂い	ベーコンの味が口の中で広がって、そのあとピザソースの味がしてとても好相性だった。チーズのまろやかさもイイ。
シュケット 7/29	150円	粉糖、カスタ、フルーツ	香ばしい匂い。カスタの甘い匂い。	外はサクサクで中はしっとりしていて甘くておいしい。フルーツのすっぱさもいい。

6 売りのピークをつくるためには、焼き上げピークをつくること

売上は計画的に＝焼成計画をつくる

開業にあたり、絶対に作成するもののひとつが「焼成計画」です。左ページに掲載したのは、製造及び販売の予定表です。

一般的に、売上に応じて平日タイプと土日タイプ（忙しい日用）の2パターンをつくります。

焼成計画とは、どのパンを1日に何個製造し、どの時間帯にどのパンを何個ずつ焼き上げるかといった予定表です。これで、製造の全体像が見え、製造の流れもイメージしやすくなります。

売上安定のためには、「売上のピーク＝焼成のピーク」を自らつくり出すことです。そのピークを開店時間の朝か、昼時か、夕方か、どこにするか決めます。

経営者、製造スタッフ、販売スタッフ、そして、お客様の生活リズムが一体となると、繁盛パン店になります。

売上2ケタのお店には焼成ピークが2回ある

パン店の来店ピークは、一般的に2回あります。これは、1日の売上が10万円を超える場合です。そこに合わせて、焼き上げるタイミングを以下のようにします。

①11時～12時までに、1日全体の焼き上げ個数の50％を集中させるようにする
②15時～17時の2時間に、全体の30％を焼き上げる
③残りは、12時～15時の間に少しずつ焼く

1回当たりの焼き上げ個数は、8～12個で、鉄板のサイズ、パンの大きさに合わせましょう。

午前中の焼き上げ対象商品は、菓子パン、惣菜パン、サンドイッチです。特に、食事動機のサンドイッチは、11時には製造を終え、お昼時に完売させます。

お昼時からは、おやつ、デザートになる菓子パンと翌朝の朝食用の食パンとなります。

カレーパンやドーナツ類の揚げ物は、日本人には人気があり、どの時間帯でもおやつや食事動機にもなるので、揚げたてを定期的に出しましょう。揚げたてで鮮度感を提供するのです。

日販7万円前後のお店は、この焼き上げピークが1日1回になります。ほとんどの場合、開店時の朝から昼までの午前中に焼成が集中します。ですから、販売も短時間勝負となります。営業時間を7～8時間、就業時間を10時間、これを目安としていきましょう。

焼成計画表をつくろう

●焼成計画表（10:00開店、18:00閉店の場合）

	時間								4:00	5:00	6:00	7:00	8:00	9:00	10:00	11:00	12:00	13:00	14:00	15:00	16:00	17:00	18:00	19:00	20:00		
	客数																										
	商品名	価格(¥)	売上(¥)	構成比(%)	個数	構成比(%)	原価率	原価構成																		ロス	焼上回数
1	バタール(大)	180	8,100	1.2	45	0.9									20				25								2
2	バタール(小)	160	7,200	1.1	45	0.9									20				25								2
3	バナナブレッド	250	3,000	0.5	12	0.2									6			6									2
4	チーズロール	80	2,400	0.4	30	0.6										12			18								2
5	あらびきロール	80	1,920	0.3	24	0.5										12			12								2
6	明太子フランス	120	4,800	0.7	40	0.8											24		16								2
7	三角揚げ	90	2,880	0.4	32	0.6											16		16								2
8	なす田楽パン	120	2,160	0.3	18	0.3											12		6								2
9	ベーコンポテト	120	4,320	0.7	36	0.7											18		18								2
10	トマトパン	110	2,640	0.4	24	0.5											12		12								2
11	シチューパン	170	10,200	1.6	60	1.1								24		24		12									3
12	バターロール	60	7,200	1.1	120	2.3							60			60											2
13	よもぎと青えんどう	80	2,240	0.3	28	0.5					28																1
14	いちじく&クルミ	90	2,160	0.3	24	0.5					24																1
15	焼栗モンブラン	150	3,600	0.5	24	0.5					24																1
16	チョコサンド	100	3,600	0.5	36	0.7										24			12								2
17	アップルパイ	160	7,680	1.2	48	0.9									24		12			12							3
18	ツナポテト	100	4,800	0.7	48	0.9				24				12				12									3
19	スリーズ	120	2,880	0.4	24	0.5							24														1
20	フランボワーズ	140	2,800	0.4	20	0.4				20																	1
21	マロンペストリー	170	3,400	0.5	20	0.4							10				10										2
22	おさつパン	120	2,400	0.4	20	0.4							10				10										2
88	メンチバーガー	190	11,400	1.7	60	1.1						24				24	12										3
89	くまさんセット	370	1,100	0.2	3	0.1									3												1
90	セサミロール	60	5,400	0.8	90	1.7										30			60								2
91	焼そば	100	9,600	1.5	96	1.8						24				24		24				24					4
92	あんぱん(こしあん)	60	29,520	4.5	492	9.3					48	48		48	60	60	60	48	36	36	24	24					11
93	バラエティセット	250	2,000	0.3	8	0.2											8										1
	合計		657,570	100.0	5,282	100.0				184	378	497	546	365	616	681	563	297	414	291	144	240	66				256
	構成比(%)									3.5	7.2	9.4	10.3	6.9	11.7	12.9	10.7	5.6	7.8	5.5	2.7	4.5	1.2				
	時間帯毎の構成比								午前（11:00まで）61.9%								15:00まで29.6%				閉店まで8.5%						
	総アイテム数	93点																									焼上平均 2.75回

7 上位10品は1日3回以上焼き上げること

朝、昼前、夕方ピークタイムに焼き上げる

人気上位10品の大切さは前述した通りですが、これらの商品は1日中店頭に品揃えされていることが必要です。

1日中焼き続けることは大変で、効率が悪いように感じられるかもしれませんが、お客様にとって上位10品は常に店頭にあって欲しい商品なのです。

そこで、お客様の来店のピークタイムに焼き上げるようにしておくと、「いつも、焼きたてアツアツのパンが品揃えされている」と、多くのお客様によい印象を与えることができます。

焼き上げ作業のポイントをまとめると、

・1日3回
・朝、昼前、夕方のピークタイムに焼き上げる
・1回当たり1品の焼き上げ個数は12個以上

これをひとつの目安にしていただき、焼成計画書づくりの柱にしてください。

1回の焼き上げ個数が少ないと買う気がしない

焼き上げ回数の多さをポイントにしましたが、そのことに忠実になり、1日12個しか売れないパンをわざわざ2回に分けて焼くというケースがあります。この場合、1回当たり売場には6個しか出ていないことになります。

この状態は、お客様の目からすると、「売れ残り」と判断されてしまいます。

「品揃えの原則」の項（4章3項）でも述べましたが、7個未満は品揃えでいう、「ある」という状態でしかないのです。

品揃えの豊富さや在庫の豊富さを感じさせるのは、7個以上です。

ですから、自店の上位10品の商品は、1品当たり12個から24個、場合によっては36個に増やし、1日3回～5回と焼くようにします。

そこで、上位10品の製造個数の目標は、全体の売上構成比の3～7％が目安になります。

たとえば、日販10万円の場合、1品当たり30～70個という個数になります（商品単価１００円とした場合）。

売場の目立つ場所に陳列して、どんどん試食を出し、商品を育て上げてください。

品揃えの豊富さを感じさせることが大切

8 夕方ピークをつくるには、閉店時間の2時間前まで焼くこと

パンは鮮度が命

繁盛パン店になるための条件として、「鮮度が命」ということを強調しておきます。

私はパン店支援の仕事をして約27年なりますが、始めた当時、そして今と変わらないのが、集客には「焼きたて」が重要であるということです。

そのために、お客様の生活リズムに合わせてパンを焼き上げる焼成計画を持つことです。

売上日販3万～5万円の場合、朝3時頃からパンを製造し始め、昼1時頃にはすべて焼き上がり、翌日分の準備や片付けを残り1、2時間するといった感じです。この場合、午後にはお客様の来店はほとんどありません。これでは、繁盛パン店となるのは難しいでしょう。

そこで、「午後にも鮮度のよい、焼きたてのパンを出してお客様に喜んでもらえるパン店を目指そう」と決意しましょう。売上目標は、日販7万円がひとつの目安です。

そのためには、早朝だけに集中して製造するのではなく、午後にも少し製造する体制づくりをすることです。

その目安は、閉店2時間前まで窯を動かすことです。そうすることで、夕方に焼きたてパンを目当てにお客様の来店が増えます。私はこの方法で売上が上がったパン店を実際にいくつも見てきました。

お客様の生活に合った営業時間にする

これから開店し、継続していくのに大切なことは、「お客様視点」に立った営業を続けていくことです。お客様との信頼関係をつくる一歩は、営業時間を守ることです。

では、どのように営業時間を決めるのでしょう。営業時間は8～10時間が目安です。これに、製造開始時間の2～3時間をプラスすると、就業時間は10～12時間となり、一人当たりの就業時間が9～11時間となります。

最近の生活リズムは、ここ20年で朝型から夜型の傾向にあります。立地によっても営業時間は異なります。以下を参考にしてください。

①住宅立地・商店立地の場合…朝8・9時～18・19時
②駅前立地の場合…朝6時30分～20時
③郊外型立地の場合…朝8時～18・19時（地方都市の郊外の場合は9時～18時）

また、冬期と夏期の2つのパターンで営業時間を変えてもよいでしょう。

夕方の帰宅時間にも焼きたてを準備しよう

9

毎日、製造したものを売り切るしくみをつくる

店の入口に商品をかためる

店舗運営で大切なことは、いかに一番商品と食パンを売り切るか、いかに上位10品を売り切るか、いかに本日のパンを本日中に売り切るか、ということです。

繁盛店は、とにかく売り切っています。その一例として、ここでご紹介するのが、大阪・阪神百貨店にある「ル ビアン」です。

閉店時間は、だいたい19時30分～20時ですが、その2時間くらい前から、店舗の入口正面の平台で売る体制をつくっています。

「ル ビアン」の名物商品は、１８９円の「明太フランス」です。それが、入口付近に山積みされます。そこに、２人のコックコートを着た製造責任者の方が立ちます。

声を出し、試食をドンドン出してくれます。しかも、お客様のお好みの大きさに切るカットサービスもしてくれるのです。

「売り切るぞ！」という意気込みが感じられる一方で、せっかくつくったパンなので、おいしいうちに買っていただきたいという気持ちも伝わってきます。

閉店時間が近づくにつれ、店内にバラバラに陳列されていたパンが、その入口の平台に集められるのです。それだけなら、片づけているようにも見えるのですが、平台にはしっかりと人がついて、声を出して販売しているので、まだ活気を感じることができます。

閉店まで集客して売り切るポイント

①閉店1時間前まで人気上位10品を焼き上げる
②入口付近の棚にパンを集中させ、ボリューム陳列する
③そのパン棚のそばで、販売員が声出しをしながら試食販売する
④販売員はレジに入り、片づけに徹しない。売り切る姿勢が最も大切
⑤店頭、店内（製造コーナー含む）の照明は明るくしておく
⑥売り方の工夫として「翌日の朝食にピッタリ」「食事の準備前のちょっとしたおやつに」といった、食べるシーンをイメージできるPOPをつける

以上のポイントを、開業当初から実行することをおすすめします。

きちんと実行できれば、店は活気に溢れ、閉店までしっかりと集客のできる店になるでしょう。

閉店時間まで試食を出そう

10

良きパートナーと一緒に役割分担する

パン店を繁盛させるには良きパートナーと一緒に

パン店を開業したい人は、「好きなパンを焼きたい」と話される人がほとんどです。

そして、繁盛店の若手経営者はさらに、「それをより多くのお客様に食べてもらいたい」とおっしゃいます。

つまり、いかにおいしいパンづくりをするかを考えるのと同じように、いかにお客様に買ってもらえるか、という「売り方」を考えています。「売り方＝販売力」について考えているのです。

経営者には主に2つのパターンがあります。

1つ目は、経営者は自ら製造に専念し、その代わりに、販売する担当となる、専任のパートナーがいることです。

2つ目は、製造は製造担当の従業員に任せて、経営者は、自ら販売すること、経営することに徹するパターンです。

どちらがあなた自身に合うのか、じっくり考えてみてください。自分は製造に専念したいのか？　それとも、販売や経営をしていきたいのか？　それによって、必要なパートナーが決まってきますね。

一人でぼちぼちやっていこう、と思っている人も、開業してみると、日々時間に追われ、こんなはずではなかったと、目標から遠くなっていることに悩まれる人もいらっしゃいます。

開業前に自分のスタイルと良きパートナーを選ぶ

「あなたは、誰と一緒に開業しますか？」と聞くと、夫婦で、友人と、修業先で知り合った者同士で、家族と、といった方が多くいます。

うまくいっている店は、製造と販売の役割があり、お互いが対等な立場であるか、もしくは、販売が強いほうがよいようです。製造の力が強い場合は「店視点」の経営となりますが、販売の力が強い場合は「お客様視点」に立った品揃え、売場づくり、サービスがされるために、結果がよくなります。販売には、一般的に女性、また経営者の奥さんであることが多いです。

私の知る繁盛店では、その販売力・数値に強い（パートナーである女性が強い）傾向があります。経営者が奥さんで、ご主人は製造担当兼店長といったパターンです。

開業成功には、良きパートナーが決め手となるのです。

あなたのパートナーは誰ですか

11 人が成長する、安定する仕組み

「鏡の法則」と「祭り」で人を安定させる

経営者の想いは、安定した利益の確保、そして従業員の成長と安定、お客様の豊かさと幸せです。

これから先、少子高齢化はますます進みます。人手不足はパン業界でも深刻な問題です。

ですから、これからのパン店経営には、「一度採用した人にいかに長く勤めてもらえるか」が、大事な取り組みとなります。まずは、働くことが楽しい、やりがいを感じられる「店風（社風）」をつくりましょう。

3章6項でも述べた「鏡の法則」の通り、経営者はいつも元気で、笑顔を絶やさず、夢や目標を語りましょう。すると、従業員も一緒にニコニコ顔になり、イキイキします。経営者がイライラした顔だと従業員も同様にイライラして、お客様にもイライラが伝染してしまいます。

そのためには、定休日をしっかり取り、営業時間も長時間にならないようにします。

また、「祭り」（行事）、忘新年会、誕生会、ミーティングで日頃の仕事をねぎらい、感謝の気持ちを伝えることも大切です。

繁盛店のカギは、全従業員の成長が実感できること

経営者一人では、繁盛店はできません。経営者の想いに共感した人が集まり、ひとつの店をつくり上げていきます。繁盛店は、次の取り組みでよいチームワークを築いています。

①店舗、各部門の目標（売上やその他の数値など）と成果が明確なこと

②個人の目標、役割、その成果が明確なこと（たとえば、修業後独立希望の人は、入社何年目で退社開業するのかが明確）

③その役割分担の基準と評価が明確なこと

このことが全従業員に伝わり、理解されれば、あとは個人が自主的判断で行動できるようになり、目を輝かせてイキイキとやりがいを持てる店になります。

そのために、月に一度、1時間程度のミーティングの場を設け継続することです。ミーティングでは、個人の成果発表とそれについての評価や賞賛をします。個人の意見がいえる「店風」が、「いかにお客様に喜こんでもらうか」を深く考えることのできる人へと成長させてゆきます。

経営者の姿勢が従業員のやる気につながる

6章

お客様に選ばれる
パン店になるための
12の仕組み

1 感謝の気持ちを表わす「完売ＰＯＰ」

お客様に選ばれるお店になる

開業して繁盛店になるために大切なことは、お客様に選ばれるお店になることです。それには、お客様との信頼関係づくりが必要です。次の4つがポイントです。

①営業時間が守られている
②常時、焼きたてパンがあり、品揃えがよい
③自分の好きなパンが品揃えしてある
④個別に対応してくれ、気持ちよく買い物できる

この要望の中で応えにくいのは、品揃えの保証です。すべての時間帯に全品揃えるのは難しいことです。パン店は仕入れたものを並べているわけではないからです。そこで、商品の欠品が出ます。

パンが欠品しても気づかず、プライスカードがそのまま置かれた状態だったり、お客様から「○○欲しいんですが」といわれても、販売員が「すみません。そのパンは売り切れました」と答えるやり取りが発生しています。

これからは、「販売力」が他店との差となり、集客につながります。その時の対応力次第で、お客様に好印象を与えることもできるのです。

感謝の気持ちを込めた「完売しました」

お客様から見れば「パンの欠品」ですが、店からすると、完売したことはありがたいことです。しかし、「もっと焼いておけばよかった」と、後悔もします。

この両者の気持ちを表わす方法があります。お客様には次のように直接お伝えしましょう。

①「お客様、ありがとうございます。本日は完売してしまいました。誠に申し訳ございません」と、感謝とお詫びの気持ちを伝える
②「○○に代わって、△△がありますが、いかがですか？」と、それに代わるおすすめパンを伝える
③「○○は、お取り置きやご予約も承りますので、お電話ください」と、個別対応があることも伝える

売場では、「ありがとうございます。本日は完売しました」というPOPをつけて間接的に伝えましょう。

今後、この欠品を解決するために、焼成計画表に「完売ＰＯＰ」を出した時間を明記していきます。それを販売担当と製造担当が見て話し合い、次からその商品の製造個数の変更をするのです。

「完売ＰＯＰ」でお知らせしよう

●感謝の気持ちを伝えよう（POPスター沼澤拓也氏作成）

ありがとうございます
本日
完売いたしましたー。

2

パンの新鮮さを保証する「フレッシュカード」

集客力アップに「焼きたて」を強調する

パンの新鮮さ=焼きたては、集客力アップになります。

店の基本コンセプトに、「焼きたて、できたて、挟みたて」の〝三たて〟をよく聞きます。商品の鮮度感がバツグンによいことをイメージできます。

そのことがお客様に一目でわかるように、店づくり、売場づくり、商品、サービスで具体的に表わせたら、集客力の高いパン店になります。

そこで、新鮮さをお客様にわかりやすく伝えるのに、「フレッシュカード」を掲示しましょう。

この取り組みは、既存店での売上アップにとても効果的です。

左ページの写真のお店では、木製の札に手書き文字で「ただ今、焼きたて」（焼き上がりから1時間以内）と、「焼きたて」（焼き上がり1時間から3時間まで）のものを作成しました。

売場では品出し時に、この「フレッシュカード」をプライスカードと一緒につけることです。時間の経過と共に、そのカードをつけ替え、3時間を超えたらそのカードを外すようにしました。

「フレッシュカード」の効果として、お客様に焼きたてパンが揃っているというよい印象を持ってもらい、温かいパンを体験してもらえるようになりました。お店にとっては、ロスは増えず、結果的には売上アップにつながったのでした。

「焼きたて」が一目でわかる取り組みを

売上日販20万円までのお店では、常時、売場に焼きたてパンが出てくるイメージはありません。日販が3万、5万、7万円の一ケタの店ではなおさらです。

お客様が「焼きたて」を実感できるように、焼きたてが目で見てすぐにわかるように、この「フレッシュカード」を活用してみてください。

ポイントは、時間の目安とその保証です。

ここで紹介した例では、「ただ今焼きたて」を焼き上がり1時間まで、「焼きたて」を1時間から3時間と2種類用意していますが、わかりやすく1種類にして、時間の目安を焼き上がり1時間半までにすることもできます。

焼きたてを強調しよう

●「ただ今焼きたて」のフレッシュカード

●「焼きたて」のフレッシュカード

3

お客様の声を取り入れる「ご意見ハガキ」「サンキューボード」

お客様の声を取り入れる仕組み

パン店の対象商圏は、自店から半径５００メートルから1キロと狭いものです。郊外店では、半径３キロ～５キロに広がりますが、いずれも地域密着型には違いありません。ですから、「いつものお客様」の心をガッチリとつかんでいきましょう。

開業当初は、売場、商品、サービスにも緊張感があります。しかし、年数を重ねるとその緊張感も消えていき、マンネリに陥ることがあります。お客様が求めるワクワク感や楽しさもなくなり、結果、売上不振となります。

そこで、営業年数を重ねるほど、新しい提案ができる店でなければなりません。左のページの事例は、大阪R社が10年継続して取り組んできたものです。

お客様の声に取り組む社風を

この取り組みの開始時は、会計時に直接お渡しします。回収率は高く、そのうち60%がお褒めの言葉、残り40%がご要望やご意見が集まります。そして、これを続けていくと、全体の70%がご要望やご意見になり、商品やサービスの改善に役立っていくのです。

改善活動の進め方は次の通りです。

①ミーティングで、ご意見、ご要望の内容をテーマに現状把握と課題を整理する
②改善策を立て、お客様へお礼とその内容をハガキで返信する
③「サンキューボード」を店内、スタッフルームの２ヶ所につくり、②のハガキを貼り出す（店内では、お客様の名前は削除）

その成果として、

①販売員が笑顔になり、サービスの質が高くなる。また、サービスにやりがいを感じるスタッフが出てくる
②異物混入などのミスがなくなり、安心安全な商品提供ができる
③経営者、従業員全員が「お客様が喜んでくださること」に集中し、新たな提案をしようという店風になる
④結果、お客様の期待が大きくなり、選ばれる店になる

若手経営者の中には、全従業員とラインやフェイスブックでこの情報を共有し、スピーディに改善を行なっているケースもあります。

「ご意見ハガキ」の効果は大きい

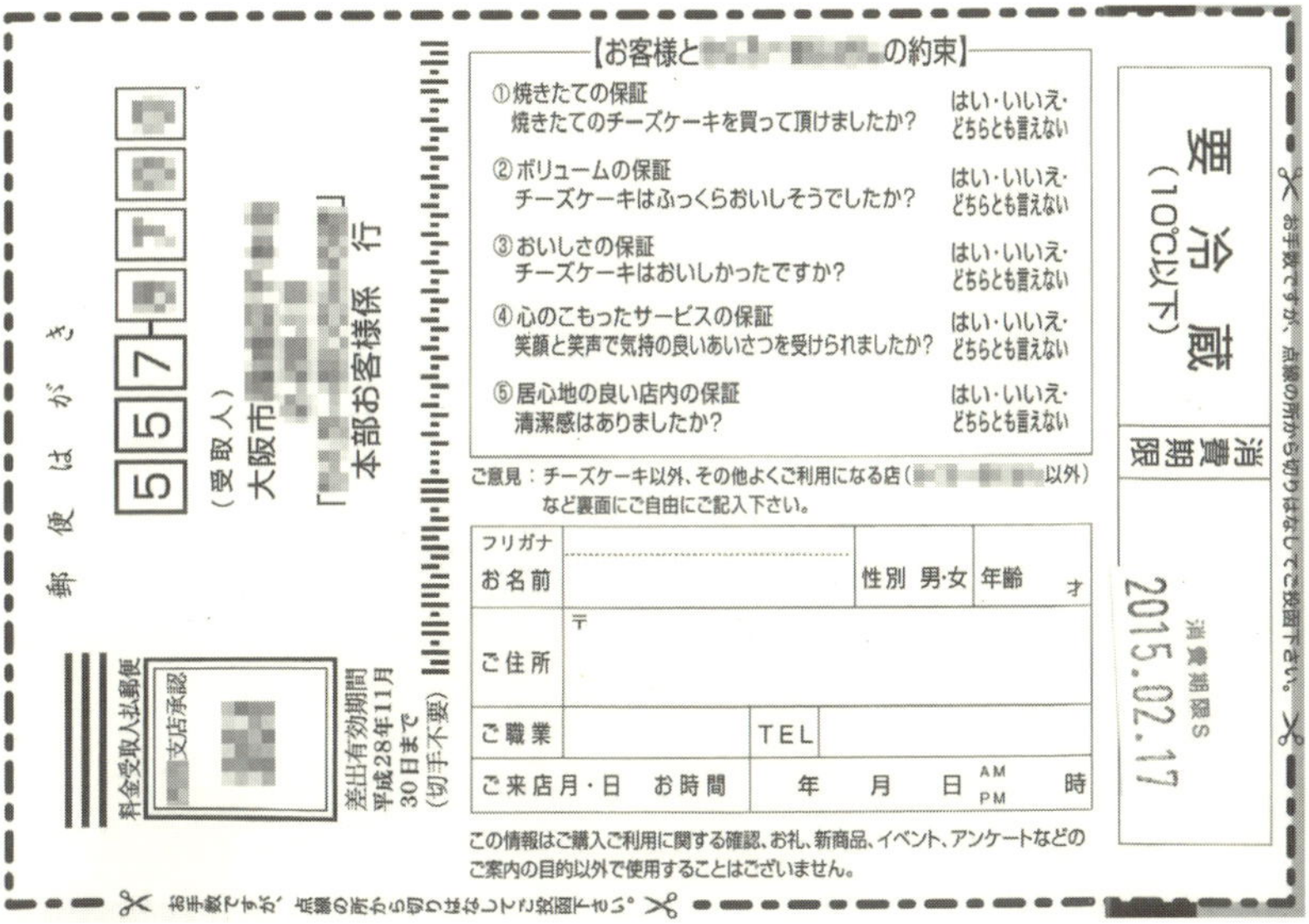

郵便はがき

5 5 7 - [illegible]

（受取人）
大阪市[illegible]
「[illegible]」
本部お客様係　行

料金受取人払郵便
[illegible]支店承認
[illegible]

差出有効期間
平成28年11月
30日まで
（切手不要）

【お客様と[illegible]の約束】

①焼きたての保証 焼きたてのチーズケーキを買って頂けましたか？	はい・いいえ・ どちらとも言えない
②ボリュームの保証 チーズケーキはふっくらおいしそうでしたか？	はい・いいえ・ どちらとも言えない
③おいしさの保証 チーズケーキはおいしかったですか？	はい・いいえ・ どちらとも言えない
④心のこもったサービスの保証 笑顔と笑声で気持の良いあいさつを受けられましたか？	はい・いいえ・ どちらとも言えない
⑤居心地の良い店内の保証 清潔感はありましたか？	はい・いいえ・ どちらとも言えない

ご意見：チーズケーキ以外、その他よくご利用になる店（[illegible]以外）
など裏面にご自由にご記入下さい。

フリガナ お名前		性別　男・女	年齢　才
ご住所	〒		
ご職業		TEL	
ご来店月・日　お時間	年　月　日　AM PM　時		

この情報はご購入ご利用に関する確認、お礼、新商品、イベント、アンケートなどのご案内の目的以外で使用することはございません。

要冷蔵
（10℃以下）

消費期限

消費期限S
2015.02.17

お手数ですが、点線の所から切りはなしてご投函下さい。

お手数ですが、点線の所から切りはなしてご投函下さい。

4 おいしさ感を伝える「プライスカード」

販売員一人に匹敵する「おいしさPOP」の威力

お客様から選ばれる店になるためには、「お客様視点」を持ち、「販売力」を発揮することが求められます。

この販売力アップの取り組みには、２つのポイントがあります。おいしさ感を伝える売場づくりと、販売員によるワンランク上のサービスの実践です。

ここでは、おいしさ感を伝える売場づくりのひとつの仕掛けとして、それを実感できるツール、「プライスカード」をご紹介します。近年のお客様は、一対一のサービスを求めるようになっています。しかし、すべてのお客様にじっくりと対応することは難しいでしょう。そこで、販売員に代わってこのツールにおいしさを伝えてもらうのです。販売員の少人数の解決にもなります。

プライスカードは一般的に、「素材や製法、価格」が表示されています。しかし、繁盛店では、「パンを食べた時のおいしさを表現」しているのです。

具体的には食感や味、いつ食べるとおいしいか、また、何と一緒に食べるとおいしいか、といった内容です。

プライスカードを「おいしさカード」に変えたら、売上アップ！

福井市にある「レ・プレジュール」は、私の最初の著書『はじめよう！「パン」の店』を読んで、開業されたお店です。約10年間1店舗に集中して経営してこられ、ちょうど10年目に2号店を開店し、創業12年目の現在は5店舗目を開店し、地元で人気のあるパン店へと成長されています。

最近の繁盛ぶりは、この「おいしさ感」を伝えるプライスカードを実践された成果だとお話されています。

左ページの写真のように「極厚はちみつシュガートースト」のポイントは、「アイスを添え食べたら最高♪」「驚異の極厚感♪」という点です。もうひとつの「ビリッとペッパーのベーコンエピ」は、「お酒に合う」「もちろん翌日もオーブンで温めても。テンションアップ↑」と、ワインのイラストや絵文字を使い、イメージを膨らませています。

プライスカードに商品写真を入れることもポイントです。具材を包んだパンは、半分にカットして中身が見える写真を使うのがコツです。一方、食事パンは、見た目が地味なので、おいしさの説明が決め手になります。

「プライスカード」でおいしさイメージアップ

●おいしく食べる提案をしよう

●おいしさ感を伝えよう

5 経営者の想いを伝える「ポリシーボード」

経営方針をお客様や従業員にわかりやすく伝える

開店して何年も経過してもなお、お客様が何度も来店してくれる店づくりをしましょう。

近くに新店ができようとも、近場のスーパーがセールをしようとも、それに影響を受けないようなお客様との信頼関係づくりを目指したいものです。

ここで大切なのが、「経営者の想い＝経営方針」です。その想いが形になり、店づくりや商品、サービスに表現されるのです。この経営方針を一枚のボードにまとめたものが「ポリシーボード」です（左ページ上）。

その内容は、お店とお客様との約束ごとです。その多さと、それを守り切る力が「ブランド」となります。

本来は、経営者自ら、一人ひとりのお客様や従業員に直接声をかけて伝えるのが一番ですが、すべての方となると難しいものです。そこで、このようなポリシーボードを掲げます。これには次のような効果があります。

①お客様や従業員が、お店のよさや独自の強みをよく理解できる

②店についてのクチコミの要素になり、お店を選ぶ理由になる

③店のすべての基準方針となり、従業員がそれを守り、常に目指す目標となる

④経営者自身の方向性の確認や軌道修正の基準となる

独自固有のブランドづくりを

繁盛店になるためには、自店の「らしさ」を群を抜いて優れたものにし、「ブランド」をつくることが必要です。

それは、お店がお客様と従業員にとって、夢と憧れを持てる存在になることです。

そのためには、原点となる1店舗目＝本店がすべてとなります。ですから、「ポリシーボード」には、経営者の創業時のワクワクとした熱い想いをすべて表現してみてください。

繁盛店には、いろいろな年齢層のお客様が来られます。そのお客様や従業員が読んで、わかりやすい表現をしてください。「ポリシーボード」の実現がお客様に選んでもらえる店になるポイントです。

そして、売上や利益が不調な時は、「ポリシーボード」の内容が守られているのか確認していきましょう。

「ポリシーボード」で選ばれる店になろう

●経営者の熱い想いを込めよう

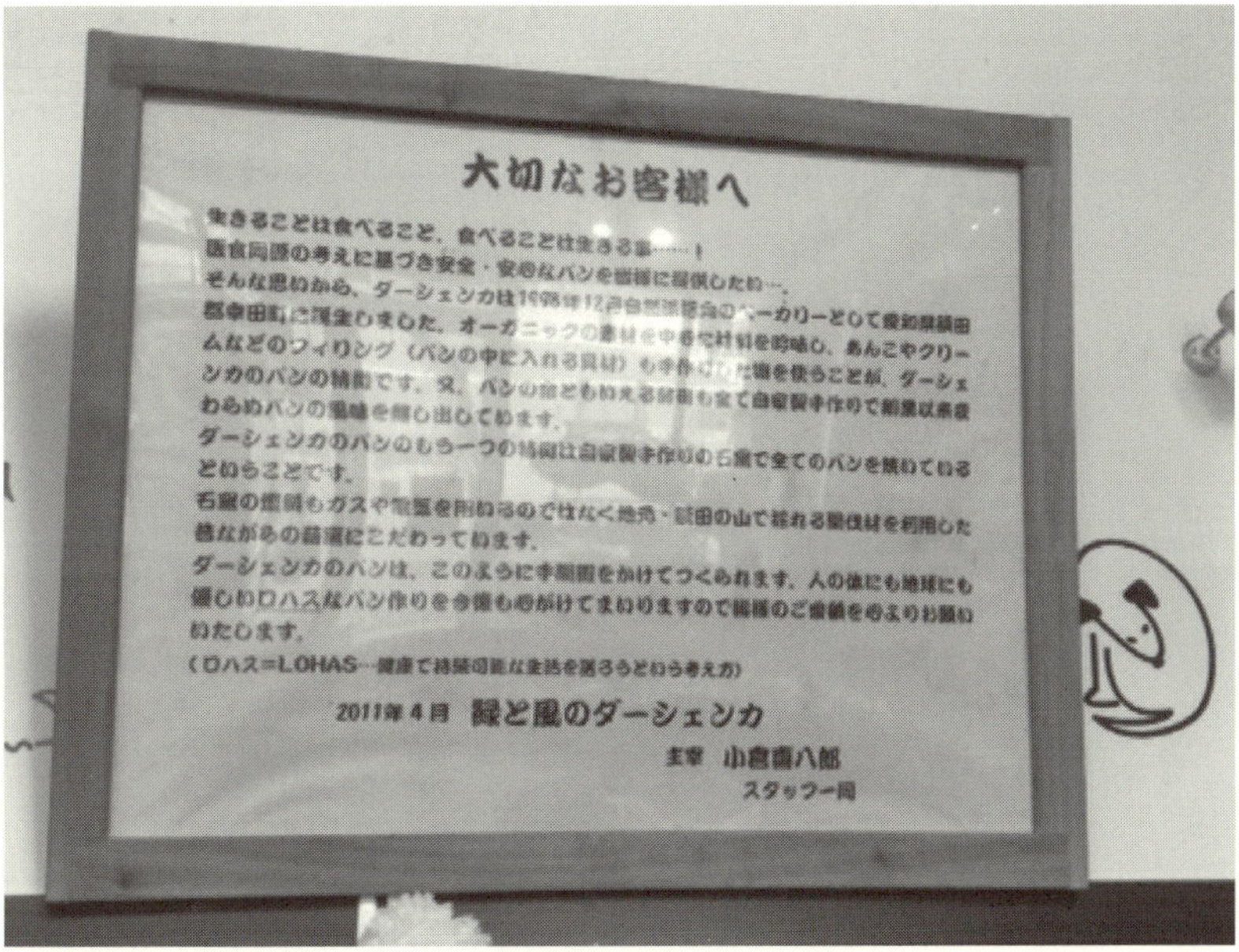

●レジ上に掲示し、お客様に読んでもらおう

6 ワンランク上のおもてなしサービスを提供する

サービスの要望をまとめて掲示する

繁盛店の共通点は、店とお客様が「おいしさを共有できている」ことです。

パンがどんどん売れる時代はすでに終わり、これからは「売る力」が必須ということは1章で述べました。

ですから、販売員のワンランク上のサービスを実践していきましょう。そのおもてなしもパンの品揃えと同様に品揃えしましょう。そのサービスの品揃えを表わしたボードが、「お申しつけください」ボードです（左ページ上）。パン店に対するお客様のご要望には、次のようなことがあります。

・食パンや大型パン、バケットを好みの量、厚さにスライスして欲しい
・「このパンは、どんな味？」。試食したい
・サンドイッチ、クリームが入った商品などに保冷剤を入れて欲しい
・商品の予約をしたい
・からし抜きのサンドイッチをつくって欲しい
・お土産にしたいのでラッピングして欲しい
・子ども会や会社の会議用に特別なセット商品をつくって欲しい

ほかにもまだまだあるでしょう。まずは、ご要望の多いものからボードに明記して掲示してみてください。さらに、お客様が喜んでくださるだろうと思えるものも加えるとよいでしょう。

お客様が要望をいいやすい雰囲気づくりを

とくに新規店では、お客様もなかなか要望を出しにくいものです。店側もほとんどのお客様のご意見を聞くことができないので、飲食店のメニューのようなものを用意する感じで、「お申しつけください」ボードを準備しましょう。

このボードの効果のひとつに、お客様にとって要望をいいやすい雰囲気のお店になることがあります。そのご要望にお店が対応していく、その繰り返しが常連客づくりにつながります。

お客様のご要望に即時対応していくと、お客様からの「ありがとう」の言葉をもらえるようになります。お客様と販売員の間に自然と笑顔の関係ができるはずです。笑顔溢れるお店にお客様は集まります。

ワンランク上のサービスを目指そう

●「お申しつけください」ボード

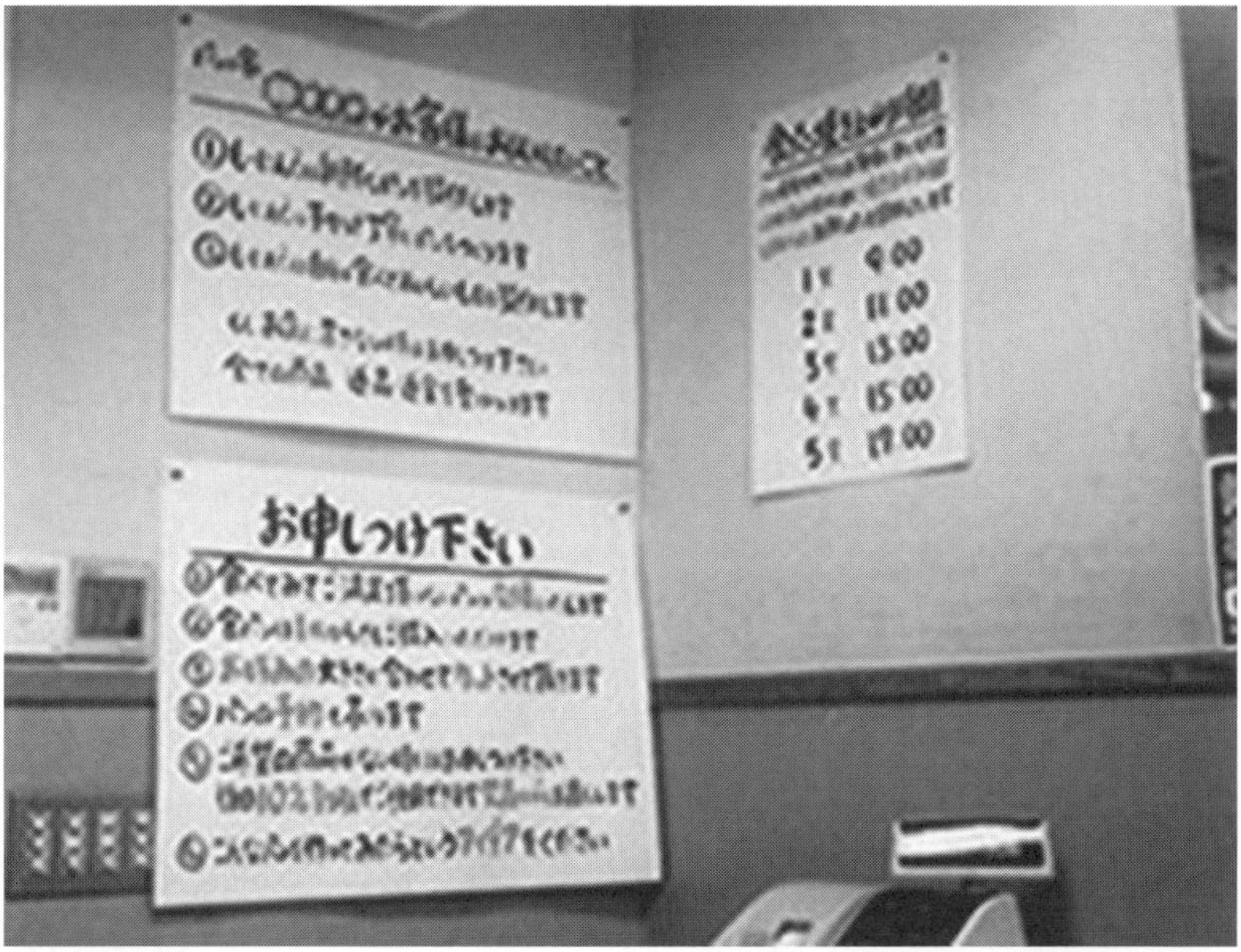

7 買うだけではない。楽しい店づくりの工夫

店内にカウンター、テーブル、椅子を

私が目指しているパン店づくりのテーマに、「楽しさのあるパン屋さん」があります。

毎日行っても楽しい、小さい子どもからおじいちゃん、おばあちゃんが行っても楽しい、経営者も従業員たちも楽しい、そんな店づくりです。

そのために必要なことは、「店内での滞在時間が長いこと」です。

お客様がお店に入って来て、パパッと買い物をすませてすぐ帰ってしまうのではなく、お店に入って来て、季節のフェア商品やおすすめ品など、何個かのパンを続けてトレーにのせていく。「あら、これもおいしそう」「あら、これは新しいわ」と、パンと会話をしながら、選ぶ楽しさがある、そんなお店が理想です。

繁盛店の共通点は、買い上げ点数の多さと客単価が高いことです。人は、楽しい気持ちになって、興奮すると、購買意欲が高まります。楽しいところには人が集まるのです。

そこで、店づくりの工夫として、店内にカウンター、テーブルや椅子を置いてみましょう。土日ともなれば、とくに郊外店は、家族連れが目立ちます。そんな時、子どもとお母さんが買い物をするのを見守るお父さんや、焼き上がりのパンを待つお客様が、少しの間に座って待てるスペースがあると便利です。

また、イートインのコーナーがあるパン店も多く見られるようになりました。パンを食べるコーナーの充実はこれから集客のポイントとなります。

子どもも買い物が楽しめる

もうひとつのテーマに、「子どもに好かれるパン屋さん」があります。子どもたちから「あのパン屋さんに行こうよ」といってもらえたらうれしいですね。

子どもも一緒に買い物を楽しめる提案型のパン店も増えています。子ども用の小さなカゴとトングが用意され、子どもたちがパンを選んでいます。その真剣な姿は一人前で、そのうえ、小さな子どもたちがパンを直接触ることも防げるので一石二鳥です。キッズ向けのパンばかりが並ぶキッズコーナーは、子どもと大人が一緒になって買い物の楽しさを味わえます。あなたのお店でも、楽しさの提案を考えてみてください。

子どもが楽しめるコーナーをつくろう

●子ども向けのパンが並ぶコーナー

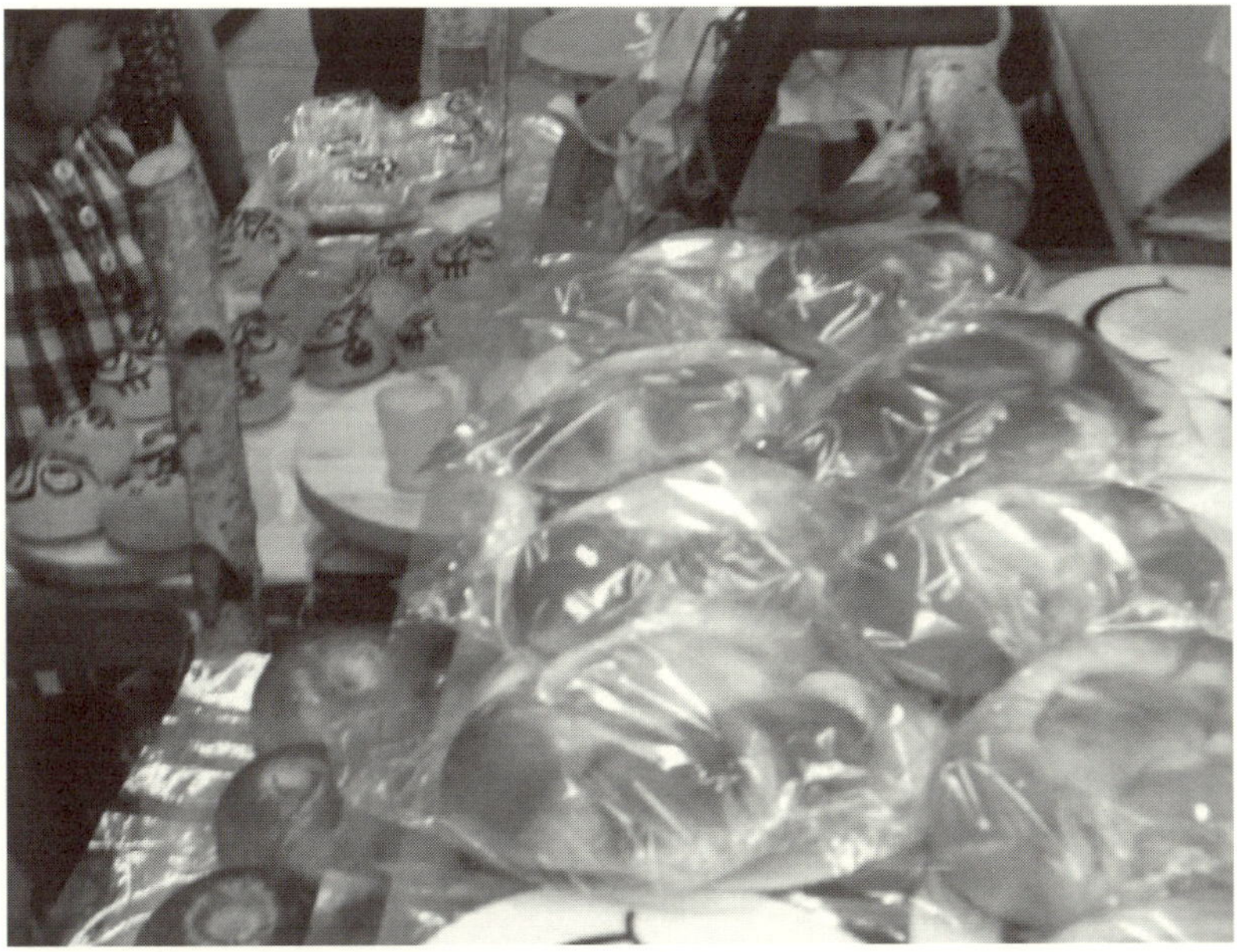

●子どもが遊べるキッズコーナー

8 サービスドリンクからカフェに進化

これからは関連商品の充実を

これからのパン店づくりの方向性に、「パンをおいしく食べる提案」があります。これは、パン店がただパンを買う場としてだけでなく、「さらにおいしく、楽しく」、そして「和み」が求められるようになってきているからです。

ここまで、私が目指しているパン店づくりのテーマについていくつか述べてきました。それらのことを取り入れていこうとすると、売場面積は、最大約10坪までにして、あとはカフェやその他のスペースとしてプラスしていく形になるでしょう。

そのスペースで、パン以外の商品の品揃えをして、「パンをおいしく食べる提案」を充実できるでしょう。

パンに塗ったりのせたりするフィキシング（ジャム、バター、チーズ、ペースト）。パンと一緒に食べる惣菜、スープ、サラダ、煮込み料理など。パンと組み合わせるドリンク（ワイン、コーヒーなど）。パン関連商品（パンナイフ、まな板、食器類、レシピや専門誌など）。

参考に見ていただきたいお店として、松戸市の「ツオップ」、藤沢市の「パイニイ」、広島市の「広島アンデルセン本店」などがあります。

サービスドリンクからカフェへ

パンを買ったお客様へ、サービスコーヒーを提供する店も定番化しています。それに、販売促進の一環として取り組んでいるパン店も多くなりました。ある大型店では、1ヶ月間に、コーヒー豆とカップで30万円をかけていると聞いたこともあります。ここまで費用がかかると、なかなか継続できることではありません。

そこで私が提案しているのは、試飲サービスです。パンに合うおいしいコーヒー、コーヒー豆を買ってもらえるように、試飲してもらうのです。お客様は、価値あるものには、お金を支払ってくださいます。

また、私のお付き合い先では、無料コーヒーから有料のコーヒーへと変化させ、その豆の販売もしています。関連商品は試食、試飲が大切です。

イートインコーナーは、買い上げたパンを食べるだけの場から、パンをもっとおいしく食べてもらえるようにというポリシーを持った、提案型のカフェやレストランへと進化しています。

パンをもっとおいしく食べてもらう提案を

●「パイニイ」パンをおいしく食べるコーナーを設置

●「ツオップ」店内2階のランチメニュー

9

お客様のお買い上げにつながる試食の出し方

おいしさを伝えるには食べてもらうのが一番

「お客様にパンを食べてもらうことが、パンの味を一番わかってもらえることだと思います」と、繁盛店の販売員さんにいわれました。「たしかに、そうだ！」と私も納得しました。いくつもの繁盛店の経営者からも、同じ話をお聞きします。

その試食の出し方のポイントは、次の通りです。

①食事パン（食パンやフランスパン、そのほか小麦粉がメインの材料の生地パン）を、お客様ごとにスライスして手渡しすること

②一種類ではなく、比較できるよう、もう一種類のパンもお渡しする。すると、味、食感の違いがわかり、お客様が自身の好みがわかりやすくなる

③食パンの場合、従業員自らがそのパンを食べている方法と同じような提供をすること（たとえば、一番おいしい厚さにスライスして、トーストして、バターを塗る、など）

④お客様から「このパンはどんな味ですか？」と聞かれたら、即時にそのパンをスライスして、おいしい状態のパンをお出しすること（この延長上に、カフェやレストランへの発展があります）

これまで、パンの試食は文字通りの「試食」が目的でした。売場にセルフ型の置き去り試食で、乾燥した状態のものを出していたのです。

本来は、試食は手段であり、目的は「パンのおいしさを知っていただくこと」です。

試食を出せば、売上が上がる

パン店の売上アップの原則、それは、「試食を出せば、売上は上がること」です。

これは、私が海外視察で必ず行くニューヨークの食品スーパー「スチュー・レオナルド」から学んだことです。お店に入ってお店を出るまで、おいしい試食でお腹いっぱいになります。また、その実演販売や楽しい売場づくりは、お客様を興奮させて、購買意欲を高めます。

これからの試食は、「おいしさを実感」してもらえるように、とくに食事パンは最適な厚さにスライスして、一番おいしい状態を体験してもらうようにしましょう。新商品も同様の方法で知ってもらいましょう。

おいしさを伝える試食

10 社会貢献するパン店プロジェクト

自店の利益で、社会貢献する

ここでは、パン店の社会貢献についてご紹介します。

パン店を開業し、自店がどんな社会貢献ができるのか、どうぞ参考にしてください。

栃木県那須塩原市にある「パン・アキモト」の新店舗「石窯パン工房きらむぎ」では、「パンの耳プロジェクト」を実践しています。それは、毎月３のつく日は、食パンの売上総額の３・３％を東日本大震災被災地応援にあてるというものです。

そして、お客様から被災地応援活動に参加されるボランティアの方を集い、パン店の従業員も一緒に東北の被災地へ出かけて行き、パンやパンの缶詰の提供もしています。

「被災地応援活動をしたいが、どうしたらよいかわからない」と思われている方も多いようです。そういったお客様も、食パンを買うことでその応援活動をしていると感じることができるのです。

この活動から、現地で被災時の話を聞き、「防災」についての必要性やその準備をすることを深く認識すること、パンの缶詰についてのご意見を聞くこと、さらに、パン店として何ができるのかを考えるきっかけとなる、という成果が得られます。

また同店では、このほか１９９５年の阪神淡路大震災をきっかけにスタートした「救缶鳥プロジェクト」という復興支援活動もあり、世界の被災地へ無料でこの「救缶鳥」（パンの缶詰）を届ける地球規模の「国際貢献」も行なっています。

ハートのパンで、社会貢献

「ＮＰＯ法人ハートブレッドプロジェクト」は、神戸の「サ・マーシュ」の西川功晃シェフが２０１１年の東日本大震災をきっかけに立ち上げた活動です。

その活動は、各店オリジナルのレシピで焼いた「ハート型のパン」を販売し、その売上の一部が特定指定災害や必要とする地域、団体にプロジェクトを通して寄付されるものです。全国各地のパン店が加盟し、想いを込めたハートのパンのプロジェクトが世界中に広がることを目指しています。

社会貢献を考え、地元に絶対必要な、存在価値のあるお店になってください。

社会貢献で存在価値のあるお店に

● 「パンの耳プロジェクト」

11 「地球にやさしい」から「感謝すること」へ

「地球に生かされている私たち」ができることをしよう

ここでは、「地球に感謝すること」についての活動を考えていきましょう。

私たちが地球に生かされていることに感謝しながらできるパン店での取り組みには次のようなものがあります。

・パン店で扱う包材の量を減らすこと
・パン店で売れ残るパンを減らすこと、0にすること
・パン店から出るゴミの量を減らすこと
・パン店で使う水道光熱費を減らすこと

これらはすべてコストです。コスト=経費は利益を生みません。利益は、店の外=お客様とその地域にしかないのです。ですから、これらは経費削減の活動です。

この取り組みには、地球の限りある資源を大切に使う活動にもつながります。

定番化するエコバック

買い物時に、習慣的にエコバックを使うお客様が増えました。

そのため、自店オリジナルのエコバックをつくるパン店も増えました。一枚あたり１００～３００円で製造する店が多いようです。基本サイズは食パンが一本入るもので、素材、デザインによって値段は変わります。

販売促進活動で景品としてお客様に配る場合、とても人気のあるアイテムです。年に一度の「創業祭り」の定期的な販促物にも活用されています。

このほかエコバックをお持ちいただいたお客様は、一回当たり、10円（パン袋の一番大きなものの原価分）として、お買い上げ金額から値引きしたり、お買い物スタンプカードに1ポイント、スタンプを押すこともあります。

つくったパンを完売させる工夫については、5章で前述しています。ほかには、売れ残ったパンや規格外品を一ヶ所に集めて、アウトレットとしてお客様にお手頃価格で販売している店もあります。

多店舗展開の場合は、夕方に残り具合を見て、各店舗から残りそうなパンを、遅い時間でも売れる店舗に移動させて、売り切る方法もあります。

また、近所の各種施設へ無料で提供する活動を行なっているパン店もあります。

地球に感謝するパン店になろう

地球に感謝するパン店になろう

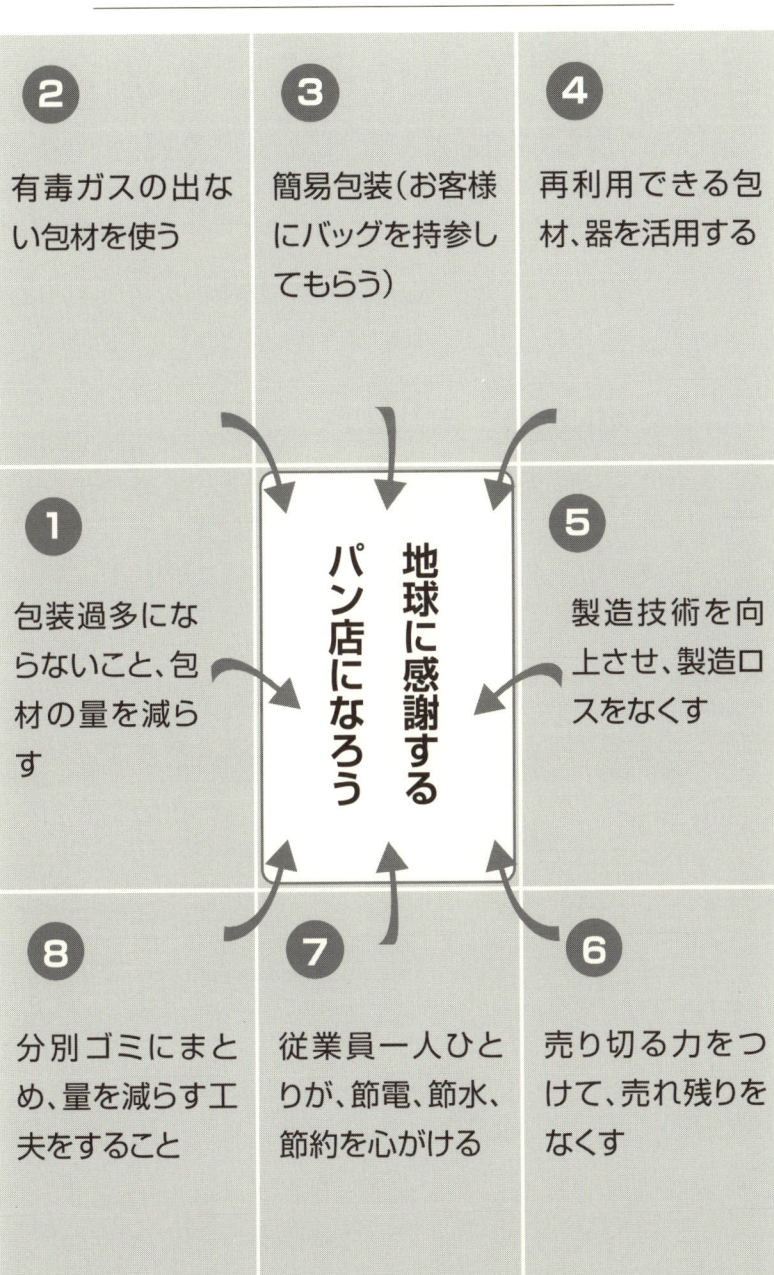

1. 包装過多にならないこと、包材の量を減らす
2. 有毒ガスの出ない包材を使う
3. 簡易包装（お客様にバッグを持参してもらう）
4. 再利用できる包材、器を活用する
5. 製造技術を向上させ、製造ロスをなくす
6. 売り切る力をつけて、売れ残りをなくす
7. 従業員一人ひとりが、節電、節水、節約を心がける
8. 分別ゴミにまとめ、量を減らす工夫をすること

7章

開業ノウハウのすべて

1 開業1年前には確実な開業計画を立てる

物件探しには時間がかかる

パン店開業で多いのは、自宅兼店舗というケースでしょう。早朝から仕事を始められるため、自宅は有利と考えられるようです。また、家族からの援助も受けやすいでしょう。このようなケースは、短期間で開業ができます。

次に、別に物件を探す場合ですが、自力で探す方法、不動産屋に探してもらう方法、取引銀行から紹介してもらう方法などがあります。

自力で探す場合には、自宅に近いエリアで探してみることです。地元商圏に強いことが、商売をしやすくするからです。

まず、車で周辺を走ります。よさそうな物件を見つけたら、すぐに連絡先に問い合わせましょう。2〜3物件を並行して検討してみます。

そして、事前に決めてある条件にそって判断しましょう。ピンとくる物件が出てくるまでは、妥協せず探し続けることです。よい物件を探すことが、繁盛パン店になるための大きな要因だからです。

物件が決まってからは早い

物件には、大きく2つのタイプがあります。1つ目は新築物件で、2つ目はテナント店や自宅を改装して開店するタイプです。

新築物件の場合は契約から開店まで約7ヶ月、改装タイプの場合は入店契約してから開店するまで約3ヶ月かかります。開店までのおおよその流れは、次の通りです。

①物件契約→②建築設計（3ヶ月）→③内装設計（3週間）→④見積もりと決定（2週間〜1ヶ月）→⑤建築（改装）工事（新築で2ヶ月、改装タイプで1ヶ月）→⑥物件引渡し→⑦保健所検査と開店前準備（約10日間〜2週間）→⑧開店

この流れについては、建築・施工会社の担当者が進めてくれるので、頭を悩ませる必要はありません。

工事代金の支払方法については、3分の1ずつが目安です。契約時に3分の1、中間時に3分の1、完了時に3分の1といった具合です。

業者との役割分担を上手に行ない、計画通りに進めていきましょう。

物件選びが繁盛店になるカギ

２ まずは、いくら売れば、いくらの儲けかを知る

自分の夢を目標にする方法

まずは、パン店を開業したら自分はいくらの収入を得るのか、そのためには、いくら売ったらよいのかを知ることが、夢を実現するための第一歩でしょう。

パン店の目安となる数字を把握して、自分の描いている収入を計算しましょう。

左ページの損益計算書（簡易バージョン）は一般的なパン店の事例です。見てみると一目瞭然。その利益率は、なんと６％から10％の場合が多いのです。

①原価費率：一般的に30～35％（パンをつくる小麦粉、塩、砂糖、その他の材料費）②人件費率：25～30％（経営者、従業員分）③水道光熱費率：３～５％（水道、電気、ガス）④地代、家賃費率：５～７％（家賃、駐車場代、倉庫代）⑤その他、消耗品費率：７％（包材、通信費、備品代など）⑥販売促進費率：３％（チラシ代、割引額など）⑦交通費率：２％（ガソリン、駐車場代）⑧保険費率：５％（車や人など）⑨減価償却費率：６％（機械設備の経費を数年間かけて、経費として落としていく方法）

この総経費の合計は、約90％を占めます。

つまり、売上１００％－経費率90％＝営業利益率10％ということになります。

この営業利益10％から利息（銀行借入金がある場合）を支払い、その２分の１が税金となり、残りが手元に残る儲けです。月商１００万円の場合（日販３万円）で、一人で働いているのなら、給与が25万円となり、社会保険料などを引くと手取り約22万円となります。これは、あなたが描く目標ですか？

小さくとも、給与をしっかり取れる店を

独立開業するからには、今よりも高い給与や定期的な休暇が取りたいと思っていることでしょう。そのためにも、せめて先述の２倍以上、月商２００万から２５０万円以上の売上目標をイメージしてください。そのためには、日販８万から10万円を実現する必要があります。パンの単価平均１５０円とすれば、約５００個から７００個を１日でつくるということです。

一人の製造金額の目安は、１日、５万円から７万円です。一人が製造専任となり、もう一人が販売するというパターンで、フルに動いている感じです。いかがですか？

損益計算書（簡易バージョン）

●損益分岐点を知る（いくら、売れば、いくら儲かるのか）

利益＝売上ー（固定費＋変動費）

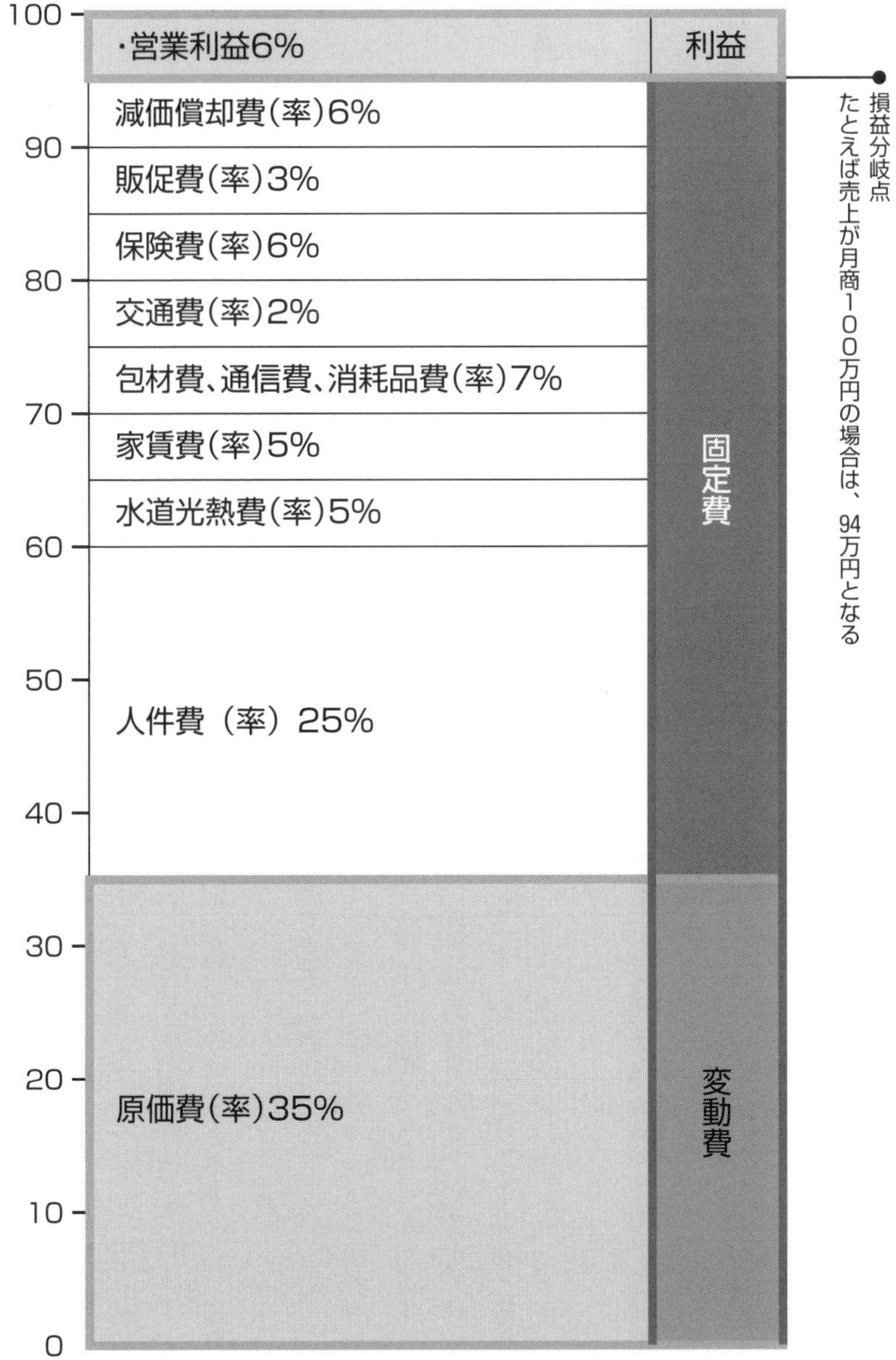

3 店舗探しのポイントを押さえる

対象人口が十分にあること

私は、物件決定の合否の判断は、売上が取れるかどうか＝必要な人が住んでいるかどうかで決めています。一次商圏、つまり売上の70％を占める地元商圏で、半径500メートル以内に、人口1万5000人を確保できることが出店の条件となります。

この場合、日販10万円程度の売上見込みが可能です。なお、売上見込みの算出については、次項で述べます。

対象商圏の情報に通じていること

物件候補地は、自宅から近い距離で探すことが大切です。車で10～15分程度の距離の範囲内です。なぜなら、その地域の情報に通じていることが必要だからです。

繁盛パン店になれる地域を探す

マーケティングの基本原則に、「一番になれる商圏を選ぶ」ということがあります。出店したい物件が見つかったら、その周辺に繁盛パン店がないことと必要な人口数があるかをきちんと確認してください。

間口は大きく、テナント店では角店を

私が物件を決めるポイントは、間口が十分にあるかどうかです。目安は、3間（5・4メートル）以上です。間口の大きさが繁盛店の条件だからです。

テナント店の場合は、角店を押さえるようにしています。角店のほうが間口の広さ、物件の大きさ共に、より大きく見えるからです。

駐車場が十分に確保できること

店舗の条件が揃っていても、駐車場のスペースが不十分だと、思っているような売上は確保できません。徒歩客だけの立地だと必要ないかもしれませんが、商圏を広げ、売上を伸ばすことを考えると、車で来店するお客様を呼べる店づくりを念頭に置かなければならないのです。

居抜き物件は要注意

居抜き物件、つまり主に同業種の店舗をそのまま利用することですが、私はあまりおすすめしていません。それは、失敗した経験のある物件には、それなりの理由があるからです。

もし、どうしても居抜き物件を借りる場合には、すべてリニューアルし、外観は一からきれいにやり直すことが必要です。

物件探しは商圏人口が重要

4 売上見込みの算出方法

商圏人口×マーケットサイズ×シェア＝売上見込み

開業のためには、確実な売上見込みができることが必要です。いくつか算出方法はありますが、まず、最も基本的な方法をご紹介します。次のように準備をします。

①対象人口の調査（役所から人口統計表を入手（ネットで入手できます））
②地図に自店をプロットし、半径５００メートルの円と半径1キロメートルの円を描く（住宅・商店街立地）
③対象商圏内の人口を計算する

そして、次の式にあてはめてください。

売上見込み＝商圏人口×マーケットサイズ×シェア（15%・19%・26%）

マーケットサイズとは、1年間一人当たりの支出金額で、パンの場合は1万１０００円です。

シェアとは、市場に対する自店の占有率です。これには9段階あります。一般的には、15～19%が獲得できます。地域一番店シェアは26%です。初年度目標は、シェア15%で設定し、2年目に19%、3年目に一番店シェアの26%に設定するのが無理のない計画でしょう。

売場面積×坪効率＝売上見込み

売上見込みは坪効率からも算出できます。必要な数値は売場面積の坪数です。

左ページの下表のように、私が設定する基準は、年坪効率８００万円です。1坪当たり８００万円の売上のある店だと、利益が出せる健全な商売といえます。この数値を超えていれば、繁盛店の仲間入りです。

６００万円×駐車台数＝売上見込み

郊外に立地する場合、駐車場の確保が十分でないと、売上見込みは達成できません。1台当たり、年６００万円が目安です。たとえば、目標とする年商が1億円であれば、17～20台分のスペースを確保しましょう。

日別売上目標の算出方法

売上見込み（年商）÷３００日が、毎日の売上目標です。はじめの式で算出した年商を、営業日数で割ってください。これによって、平均日販が算出できます。私は、営業日数は３００日としています。これは、毎週1日は定休日があることを前提としているからです。

売上見込みを計算する

●シェアごとの店の評価

シェア%	店の位置付け
7	不振店
11	
15	一般パン店が獲得できる範囲
19	
26	繁盛店
31	
42	※一般的には、このレベルのシェアは、あまりない
55	
74	

●坪効率から見た店の評価

坪効率（万円/年）	店の位置付け
1300〜	超繁盛店
1000〜1300	繁盛店
800〜1000	
700〜800	一般店。利益が出る
700未満	不振店

5 周辺にある競合店の調査方法

ポイントは、食パン1斤の値段

競合店の調査をする際、まず、地元のパン店をよく観察します。観察のポイントは、

①レジ台数と販売員人数
②オーブンの台数と製造人数
③食パン1斤の値段と全品の商品構成
④駐車台数

などです。

朝・昼・夕方と1日3回、そして、平日、土曜、日曜と曜日別にも観察します。その時、実際にパンを買って食べてみてください。競合店の商品を知ることは大切です。

さて、ポイントをつかんだところで、競合店の売行きをチェックします。

次のような基準を覚えておいて、店の様子から売上を推定します。

①レジ1台につき、1日30万～35万円
②販売員一人当たり、1日5万円
③オーブン1台当たり、最高日販30万～35万円
④製造人員一人当たり、5万～7万円の生産性
⑤駐車場1台当たり、1日2万円

食品スーパーのパン棚も要チェック

食品スーパーでのポイントも、食パンです。

1斤当たりの価格と1斤当たりのスライス枚数、それに在庫量をチェックしてください。

最も在庫の多いスライス枚数のものが、その地域での主力となる売れ筋の食パンです。自店でも、その枚数を主に品揃えするのです。

食パンの在庫を調べてみると、驚くほど多いことがわかるでしょう。食パン市場は大きいのです。

調査の準備としては、最小サイズのＩＣレコーダーやスマートフォンを用意します。それを胸元に隠し、すべてのプライスカードを小声で読み込みます。それを再生して、24ＭＤ表や基本ＭＤ表を作成してみるのです。

ただし、店内の写真撮影はほとんどの店で禁止しているため、避けたほうがいいでしょう。

競合店の方とは、ほどよい距離感の関係を持ちましょう。嫌われることは絶対にしないでください。

笑い話になりますが、メジャーを出してパン棚を計った方がいました。こうした行為はもちろんＮＧです。

競合店を見るポイント

6 施工業者の探し方・選び方

店舗づくりの施工業者探し

施工業者を選ぶ際、最も確実なのは、修業先のパン店や、開店にあたって相談に乗っていただいている方に紹介してもらうことです。よい店舗づくりは、信頼関係なしにはできません。

業者を紹介していただいたら、次の3つのことを必ず行ないましょう。

①過去の施工物件を2～3店舗見学させてもらう
②パン店開発の実績をたずねる
③開店したいイメージの店舗＝モデル店を、業者と一緒に見学に行く

店舗づくりはイメージの世界です。言葉だけでは、それぞれ違う印象を持ち、経営者のつくりたかった店とはまったく違った店になってしまう場合もあります。それでは、繁盛店への道は遠くなってしまいます。

このため、経営者の考えているイメージとデザイナーや業者の持つイメージを、事前に統一しておくことが絶対に必要です。

話し合いをしてみてイメージが合いそうであれば、その業者に決定すればよいでしょう。

お気に入りのモデル店に頼んでみる

こんな方法もあります。

開業に向けてモデル店探しをするわけですが、そのモデル店のパン店に直接、声をかけるのです。

経営者にご挨拶をし、開業の予定の話や基本コンセプトをお話ししてみましょう。熱意を持って話し、モデル店の経営者の心を揺さぶることができれば、その業者を紹介してくださるはずです。

施工業者の条件

私の経験から、過去に一度でもパン店を開発したことがある施工業者が望ましいと思います。そうでない場合は、少なくとも物販店の開発経験が必要です。

パン店の場合、工場設計は店舗設計とは別に行なわれます。工場設計については、主に窯のメーカーや厨房メーカーが手伝ってくれます。

また最近では、インターネットで店舗設計の情報を探すこともできますから、一度検索してみることもおすすめします。

施工業者とイメージをすり合わせる

7

投資計画をつくる

儲かる仕組みを知る

まず、投資回転率３を目標にしてみてください。つまり、見込み年商÷３が総投資額になるように計画を立てるのです。

私が、そのためにテーマにしていることがあります。初期投資は抑えぎみにして「一点豪華主義」でいくことです。そして、儲かったら、追加投資をするのです。もうひとつ大切な考え方があります。それは、毎年「ミニリニューアル」をすることです。

新店ができたその日から、店舗は陳腐化していきます。繁盛店であり続けるためには、毎日、毎月、毎年、お客様がワクワクする店づくりをすることです。

そのために、初期投資は抑え、初年度から儲かる店にする必要があります。

力相応の投資計画書をつくる

確実な売上見込みができれば、投資計画を立てやすくなります。たとえば、年商見込みを４５００万円とすると、初期投資額は１５００万円（４５００万円÷３）となります。

大きな初期投資の項目は次の通りです。

①賃借料（家賃や保証金）、②内装工事費、③設備関係、④機械・設備費、⑤什器、備品代、⑥デザイン・設計料、⑦ユニフォーム代、⑧広告料、⑨電話料等、⑩開業諸経費（運転資金）などです。左ページの表の数字を参考にしてください。

家賃については、目標日商の３日分が目安です。内装工事費の目安は、坪30万～35万円です。設備関係費の中では空調工事が大きなウエイトを占めます。広告費は30万円程度を確保しておきましょう。

そして、開業諸経費のうち、運転資金として３ヶ月分を用意しましょう。

厨房機器はピンからキリまであります。私の経験からは、１店舗当たり、５００万～１５００万円といったところでしょう。ただし、リース契約も可能です。投資金額と資金調達、返済計画を合わせて、無理のないように計画を組みましょう。

なお、この投資計画表は、建築関係者と厨房関係者からの見積もりを合わせてつくります。

綿密な投資計画をつくろう

●投資計画（例）

条件

（1）売場６坪＋厨房12坪＝計18坪（家賃20万円）
（2）見込み年商……4,500万円
（3）投資コストの早期回収を達成する……投資回転＝３
（4）4,500万円÷3＝1,500万円……初期投資額の目安

❶投資（売場６坪＋厨房12坪＝計18坪）テナントの場合

科目	投資額（万円）	備考
賃借料	120	月家賃×６ヶ月分、保証金
建物	540	内装工事費坪30 ～ 35万円
建物付属施設	50	看板・サイン等
機械・装置	730	厨房設備工事、空調工事
器具・備品	100	調理用具、什器、ユニホーム等
開業費・その他	30	宣伝広告費、教育費、求人費等
合計	1,570	

❷減価償却

（単位：万円）

科目	償却年数	1年目	2年目	3年目
建物	20	27	27	27
建物付属設備	13	7.7	6.5	5.5
機械・装置	13	112	95	80
器具・備品	5	40	24	14
合計	—	186.7	152.5	126.5

※償却方法は建物は定額法、それ以外は定率法を採用。

❸資金調達（初期投資の半分を自己資金とした場合）

調達方法	調達額（万円）	条件
全額銀行借入	785	元利均等方式 返済年数10年 金利 （年）3,350%

❹返済計画

（単位：万円）

借入金額	返済金額	元金分	利息分	借入残高
（金利3.35%）				785
1年度	元利均等 92.49 （月額7.71）	67.22	25.25	717.78
2年度		69.51	22.98	648.28
3年度		71.87	20.62	576.41
4年度		74.32	18.17	502.09
5年度		76.84	15.65	425.25
6年度		79.46	13.03	345.79
7年度		82.16	10.33	263.63
8年度		84.96	7.53	178.67
9年度		87.85	4.64	90.83
10年度		90.83	1.66	0.00
合　計	—	785.02	139.86	

8 資金調達の方法

資金調達方法はさまざま

パン店の独立を夢見ても、なかなか開業できない現実があります。多くの場合、ネックになっているのは、資金不足です。

ここでは、その資金調達方法について述べてみたいと思います。

経営者には、資金調達する能力がなければなりません。繁盛店であるためには、おいしいパンづくりに加え、経営能力が求められます。

インターネットを活用して、中小企業向けの融資について調べてみましょう。「中小企業庁」のホームページ（http://www.chusho.meti.go.jp/）にアクセスしてみてください。さまざまな機関にリンクしています。

ここでは、融資を扱う２つの機関を紹介します。

①日本政策金融公庫

小規模事業者経営改善資金融資（マル経）制度。経営を改善し発展させようとしている小企業者などに、低利・無担保・無保証人という有利な条件で貸付を行なう国の制度。ただし、商工会議所等の経営指導を受けている場合の条件付きのものです。

②一般社団法人全国信用保証協会連合会

これから創業を予定している方や創業5年未満の方、実効性の高い事業計画を持つ方向けの資金調達サポート団体です。

詳しくは、直接、各機関にお問い合せください。

とはいっても、自己資金が柱！

自己資金ゼロでは開業は不安です。総投資の半分は自己資金でまかなえるようにしたいものです。１店舗開業の場合、５００万～１０００万円の自己資金が必要になります。なぜなら、商売の基本は健全な経営を営むことにあるからです。

安定した経営体質であるためには、安定した資金繰りができることが必要です。店舗の損益分岐点を低くし、月々の支払いを極力低く抑えることが大切です。融資に頼りすぎると、返済が大きな負担になるからです。

まずは、開業を考えた時から、計画的に貯金をするクセをつけましょう。

たとえば、勤めている10年間で、給与の10%を貯金するとして、約３００万～５００万円の貯金ができる計算になります。

おもな中小企業支援機関のURL

日本商工会議所	http://www.jcci.or.jp/
全国商工会連合会	http://www.shokokai.or.jp/
全国中小企業団体中央会	http://www.chuokai.or.jp/
日本政策金融公庫（国民生活事業）	http://www.jfc.go.jp/
（一社）全国信用保証協会連合会	http://www.zenshinhoren.or.jp/
都道府県等中小企業支援センター	http://www.chusho.meti.go.jp/soudan/todou_sien.html
（国研）産業技術総合研究所	http://www.aist.go.jp/
（独）中小企業基盤整備機構	http://www.smrj.go.jp/

9 開業のために必要な準備と備品のチェック

開業に向けての手続き

パン店開業の場合、「営業許可証」が必要となります。保健所で所定の用紙をもらい、必要事項を記入し、捺印して提出します。実際に、物件引渡し後に保健所から検査が入ります。

それ以外の手続きは、主に店舗関連のものです。設計・施工業者と相談のうえ、進めていきます。

必要なものを書き出してチェック

私が新店のお手伝いをさせていただく時には、左ページの一覧表を、カレンダーの大きさでつくり、壁に貼り出して点検するようにしています。

これは、手配モレやミスなく、開店の日を順調に迎えるための方法です。

もう少し細かく項目を拾い出す必要はありますが、参考にしてください。

この項目の中で、外注するものがいくつかあります。

その場合、以下のようなものについては、約1ヶ月前には、発注が完了していなければなりません。

パンのトレー、トング、厨房で使用する備品類、ユニフォーム、包装紙、ご意見ハガキ、開店用チラシ、各種ボード類、プライスカード（ただし、プライスカードは手づくりも可能）です。

なお、主な備品類の必要数の目安は、以下の通りです。

・お客様用トレー、トングは、1日来店客数目標の3倍

・陳列用パントレーは、全パン棚分

このチェック表をうまく活用するポイントは、誰が（担当者）、いつまでにする（最終完了日）かを、明確に設定することです。この2つの欄は必ず設けましょう。

この開店までの時期に、オーナーの尻を叩いてくれる人がいれば最高です。

それが、奥様だったりご主人だったりということが多いようですが、私たちのような支援活動をする仕事をしている会社を活用する手もあります。プロに任せると楽であることも事実です。

左表の16「開店日告知看板」は、建物の建築中に、すでに店外に大きく告知することが開店日の成功につながります。事前情報がお客様の記憶に残り、開店日当日もお客様でにぎわうものです。

開業までのチェックリスト

		誰が	チェック	いつまでに	チェック
1	商圏MAP				
2	経営計画表				
3	投資・返済計画表				
4	レイアウト・設計				
5	棚割り				
6	各種ボード				
7	プライスカード				
8	トレー・トング（お客様用）				
9	パントレー各種（陳列用）				
10	厨房備品各種				
11	ユニフォーム				
12	包材一式				
13	ご意見ハガキ＆サンキューボード				
14	開店オリジナルハンドブック				
15	開店用チラシと販促券				
16	開店日告知看板				
17	ストアポリシーボード				
18	試食用カゴ				
19	シフト表（日別・月別）				
20	焼成計画表				
21	商品基準表				
22	日報・月報フォーム				
23	損益表フォーム				
24	開業スケジュール表				
25	営業許可証				

10

開店日は、物件引渡しから10日目に設定する

引渡しから開店までのスケジュール

物件引渡しから開店までの10日間は、大変忙しい日々となります。この10日間をうまく運営するためには、スケジュール管理が重要になります。

スケジュールを貼り出し、全従業員が確認できるようにしましょう。全員の力が発揮されるように、同じスケジュール表を各自が持ちます。この時、役割分担をはっきり決めましょう。

この10日間にすべきことは、左ページを参考にまとめてください。ポイントを整理します。

①必ず、休日を1日入れる

開店直後は大変ハードな日々が続きます。休日が取れない可能性があるため、事前に休みを入れておきます。

②開店前ミーティングを重ねる

1回当たり、1時間半程度行ないます。開店までに、3回程度必要です。

③接客トレーニングを行なう

これも1回当たり、1時間半程度です。これを複数回、行ないます。

なお、1時間半というのは、人が集中して、成果が出せる許容時間です。それ以上長くなると、効率が悪くなるので注意しましょう。

④焼き上がったパンの試食を行ない、商品名、商品の特徴を覚える（5章5項参照）

1日のタイムスケジュールも組みましょう。スタッフが笑顔でやる気ややりがいを感じるムードにしましょう。

開店前ミーティングに必要なもの

私がおすすめしているのは、「○○店オリジナル開店ハンドブック」をつくることです。これは、全従業員分用意します。その内容は次の通りです。

①○○店の基本コンセプト（経営方針）
②売上目標（開店日・日商・年商）
③商品の基本コンセプトとおすすめ10品の商品説明
④サービスの基本コンセプトと具体的な取り組み
⑤売場づくりの基本的な考え方
⑥ハウスルール（しつけ）

この10日間で、店のすべての人が一致団結するようにしていきます。これが、開店成功のカギとなります。

開店前10日間のスケジュール

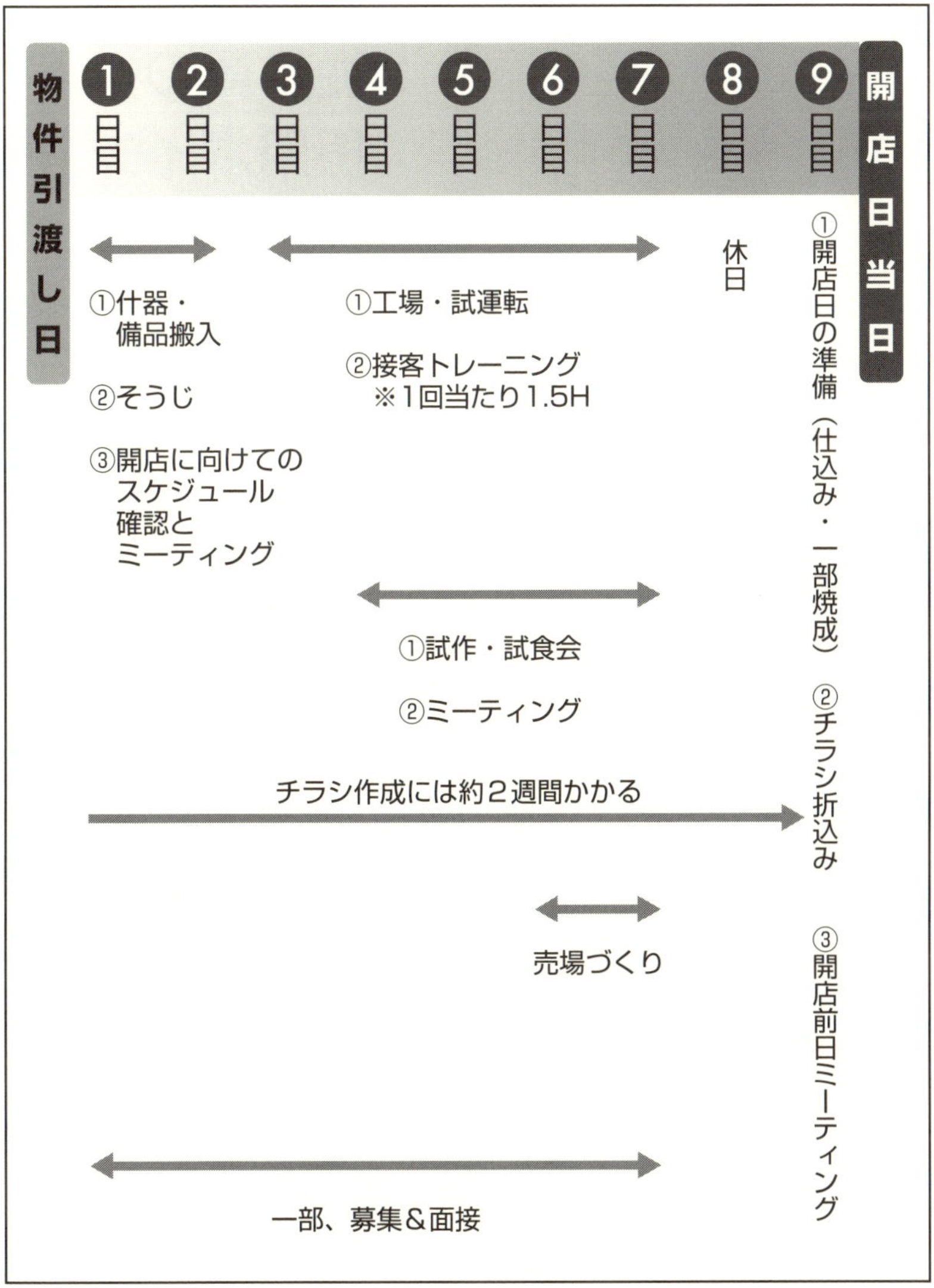
物件引渡し日
1日目
2日目
3日目
4日目
5日目
6日目
7日目
8日目
9日目
開店日当日
①什器・備品搬入
②そうじ
③開店に向けてのスケジュール確認とミーティング
①工場・試運転
②接客トレーニング
※1回当たり1.5H
休日
①開店日の準備（仕込み・一部焼成）
②チラシ折込み
③開店前日ミーティング
①試作・試食会
②ミーティング
チラシ作成には約2週間かかる
売場づくり
一部、募集＆面接

11 人員計画と従業員の採用ポイント

人員計画の目安

人員計画の立て方は、次のようにします。

・販売員人数＝目標日販÷5万円×2
・製造員人数＝目標日販÷5万円×2

これは、パート・アルバイトを含む必要定員数です。

たとえば、日販20万円の店舗とすると、販売員・定員8名、製造員・定員8名が必要となります。

基本的には、正社員は1日8時間、1週間40時間労働、パート・アルバイトは1日4～5時間労働です。このパート・アルバイトが4時間を超えて、終日いるような店は、人件費が高くなる傾向があります。気をつけてください。

人件費率の目安は、25～28％くらいでしょう。これは、売上規模に応じて異なりますが、参考にしてください。

事前に、仮想のシフト表（作業割り当て表）を組んでみましょう。詳しくは8章で述べますが、あるべき姿のシフト表を持っていると、その通りの人の採用が可能になるものです。

働いて欲しい人のイメージを持つ

採用の大切なポイントは、以下の通りです。

①経営方針に共感してくれる人を採用する（面接時に、経営方針とやって欲しいことを全部伝えて、そのうえで、一緒に働きたいかを聞く）
②高い時給で求人する
③大人（大学生以上）を採用する
④挨拶がきちんとできる、時間を守れる人を採用する
⑤パン好きな人を採用する
⑥ユニフォームをセンスあるものにする

面接は、時間と場所を決めて、集団で行ないます。これを、オーディション形式の面接と呼んでいます。集団の中では、人は自分のよさをアピールするものです。

求人は、製造員については開店2ヶ月前、販売員は1ヶ月前から行なっていきましょう。店頭掲示や求人雑誌、ネットなどを利用します。

一般的にパン店は、年中、人手不足の傾向にあります。しかし、新規開店は例外です。〝新規開店〟は、人が集まりやすいのです。ですから、一番はじめが決め手と思って、すぐれた人材の獲得を目指しましょう。

作業割り当て表

店　平成　年　月　日（　）曜日　天候（　）　作業割り記入者

作業割り当て表

No	名前	ポジション	自己確認	店長よりコメント																時間
1																				／
2																				／
3																				／
4																				／
5																				／
6																				／
7																				／
8																				／
9																				／
10																				／
11																				／
12																				／
13																				／
14																				／
15																				／
16																				／
17																				／
18																				／
19																				／
20																				／
時間帯別時間数　見込み／実績					／	／	／	／	／	／	／	／	／	／	／	／	／	／	／	／

8章

すぐに使える
必須ツール

1

「シフト表」で、人件費のコントロールと人の定着を図る

まずは、基本のシフト表づくりから

「シフト表」とは人員計画表のことです。これには2タイプあり、1日のものと月間のものがあります。

①1日シフト

平日タイプと土・日タイプ（忙しい日）の2タイプをつくります。

売上から算出できる総労働時間と配置を考慮して、組んでいきます。

1日に使える人件費は、次のように算出できます。

目標売上（平日）÷人時生産性（一人当たり1時間の売上高）３５００円＝総労働時間

たとえば、売上目標20万円の店は、20万円÷３５００円＝57時間となり、1日に使える総労働時間は57時間となります。ただし、最初からこの数値をクリアするのはむずかしいので、はじめは人時生産性３０００〜３２００円で設定してみましょう。

②月間シフト

月間シフトをつくると、人が定着しやすくなります。理由は1ヶ月間の予定がひと目でわかれば、従業員個人の計画も立てやすくなるからです。

よく見られるのが、1週間もしくは2週間分しかシフトを貼り出していないケースです。翌週のシフトがわからないようでは、個人的な予定も立てられません。このような店に限って、「人が辞めていくのです。どうしてでしょう？」と相談されることが多いのです。

仕事も個人的な生活も大切なものですから、前もって先のスケジュールが知らされることは、心の安定にもつながっていきます。

シフトを普通のカレンダーに書き込んでいるケースも見かけます。身内だけの店ではいいかもしれませんが、他人である従業員たちに一緒に協力してもらって繁盛店をつくっていこうとするなら、ケジメをつける意味で、しっかりとしたシフト表を作成しましょう。

売上変動に応じてシフトをつくり変える

シフト表をいったんつくっても、その後、売上が伸びた場合には、シフト表も変えていく必要があります。常に適正な人員配置を心がけるようにしましょう。

シフト表

売上目標＿＿＿＿＿＿ 生産性＿＿＿＿＿＿ 店＿＿＿＿＿＿ 月度　※枠内書き　目標／実績

	日・曜日 名前	1日	2日	3日	4日	5日	6日	7日	8日	9日	10日	11日	12日	13日	14日	15日	16日	17日	18日	19日	20日	21日	22日	23日	24日	25日	26日	27日	28日	29日	30日	31日	合計
1																																	
2																																	
3																																	
4																																	
5																																	
6																																	
7																																	
8																																	
9																																	
10																																	
11																																	
12																																	
13																																	
14																																	
15																																	
	販売員計																																
	製造員計																																
	予定総時間数																																
	目標・実績売上高																																
	目標・実績人時売上高																																

2

店舗責任者として、数値を実感する「日報」

毎日、営業日報を書くこと

私は、どんな商売をするにしても、金銭管理がきちんとされていなければ、何にもならないと思っています。

「日商はいくらですか？」

「うーん、〇〇〇くらいかなぁ」

「では、先月は月間でいくら売りましたか？」

「うーん、まだ計算していないんだよね」

翌月の中旬にもなって、こんなことを平気でおっしゃる経営者も少なくありません。店が儲かっているのか儲かっていないのか、数値を把握していないのです。これでは、経営者の最大の仕事である、資金繰りなどできるわけがありません。

当たり前のことですが、売上数値をしっかり把握して、決められた業者さんへは支払日にきっちり入金するようにします。従業員たちへの給与支払いも同様です。遅延などしないようにします。

支払いが順調で正確な店は、体質がよい店として評価され、よい業者、よい従業員が集まってくるものです。

左ページの営業日報のサンプルを活用してください。

これは、閉店時に、店舗責任者が記入するようにしましょう。ポイントは金銭管理で、レジミス・ゼロが徹底されることです。また、売上目標と実績との差、目標人件費と実績人件費との差、おすすめ5品の売行きを把握することが大切です。

月報は毎日コツコツと書き続ける

次に、日報を月報に転記しましょう。月報のサンプルを載せていますが、文具店でも月報用ノートが販売されています。開業前に、これらの帳票類はきちんと揃えておいてください。

この月報は店舗の月次損益表をつくるのに活用されます。また、売上動向を把握するためにも、この月報は大切です。

売上動向の見方は2つあります。1つは、前年売上と比べて今年の売上はどう動いているのか（前年対比）、もう1つは、目標売上と比べて実績売上はどうだったのか（目標対比）です。

これを両方とも達成することが、繁盛店の条件ということになります。

日報と月報で店の数値を把握する

●営業日報サンプル

営業日報

平成　年　月　日(　)	天気	最高気温	担当

(1)金銭管理

金種	枚	現金	
10,000			
5,000			
1,000			
(A)小計			
500			
100			
50			
10			
5			
1			
(A)小計			
金券			
領収書			
(C)小計			
(D)合計 (A)+(B)+(C)			
(E)外販売上			
(F)つり銭			
(G)本日売上 (D)+(E)−(F)			
(H)レジレシート合計			
ミスレシート合計 (G)−(H)			

(2)売上

時間帯	①客数	②売上高	③客単価②／①
～11			
11～14			
14～			
合計			
④売上予算(達成率)			③／④
			円 (100%)

(3)人件費

	当日	当月累計
⑤労働時間	h	h
⑥人件費	円	円
人件費率⑥／③	%	%

(4)上位商品

商品名	販売数量	予約件数	閉店時残り数	切れた時間
1.				
2.				
3.				
4.				
5.				

(6)ご意見ハガキ

	商品	サービス	その他	計	《内容》
お叱り					
おほめ					
計					

(7)報告・コメント

●月報サンプル

月　報

前年実績

売上・客数	売上	%	客数	%	客単価	%

日	曜日	売上 予算	売上 実績	売上 累計	売上 達成率(%)	客数 目標	客数 実績	客数 累計	客数 達成率(%)	客単価 目標	客単価 実績	客単価 達成率(%)
1												
2												
3												
4												
5												
6												
7												
8												
9												
10												
11												
12												
13												
14												
15												
16												
17												
18												
19												
20												
21												
22												
23												
24												
25												
26												
27												
28												
29												
30												
31												
計												

御意見はがき

	渡した枚数	頂いた枚数	サンキューレターを書いた枚数		商品	サービス	その他	合計
				おほめ				
目標	枚	枚	枚	お叱り				
実績	枚	枚	枚	合計				

見た方はサインをして下さい		

店長コメント・感想

3

責任感を高める「店長業務日誌」

店舗責任者としての自覚を持つために

ここでは、経営者や店長が、店舗責任者として一人前になるための取り組みとして、「店長業務日誌」をご紹介します。

この店長業務日誌は、店舗責任者としての役割と、具体的にしなければならない仕事を明確にしたものです。具体的には、次のような内容です。

①数値意識を高め、目標達成すること
②店全体を盛り上げられる、リーダーとしてやる気に満ちた態度であること
③従業員のやる気を高めるための支援活動ができること
④店舗の方向性や改善活動を伝え、変化に挑戦できる集団づくりができること
⑤店を、高いレベルできれいにするという意識付けができること

これらを、1つの表にまとめてみました。

これを毎日1枚、上から書いて埋めていきます。全部書き終えたら、全従業員が見られる場所に貼り出してください。毎日の絵日記と思い、気楽に書いていきましょう。慣れて持続できれば、自信につながります。

経営者が成長すれば、売上が上がる

経営者＝店舗責任者は、パンをつくるとか、パンを売るといったことだけにとどまらず、しっかりと店舗運営する力を身につけることです。

パン店の修業先では、パンづくりの技術は身につけられるかもしれませんが、それだけでは繁盛パン店はつくれません。

従業員たちも、この日誌を見ることで、経営者や店長の仕事ぶりに尊敬の念を抱き、信頼関係をつくり上げます。

ただし、こんなこともあります。

・「今日、朝礼をしましたか?」→　はい・いいえ

この質問の欄で、朝礼をやっていないのに、「はい」に○印をつけたとしましょう。そんなことを続けると、信用をなくすことはおわかりだと思います。

つまり、店長業務日誌は、従業員たちが経営者や店長のお目付役になり、一人前に育ててくれる仕組みでもあるのです。

店長業務日誌のひな型

店長業務日誌

年　　月　　日（　　曜日）天気

<table>
<tr><td>項　目</td><td colspan="5">内　容</td></tr>
<tr><td>業　績</td><td>売上</td><td colspan="2">円</td><td>客数</td><td>人</td></tr>
<tr><td rowspan="2">今日も一日、元気よく、明るくふるまえましたか？</td><td>は　い</td><td>理由</td><td colspan="3"></td></tr>
<tr><td>い い え</td><td>理由</td><td colspan="3"></td></tr>
<tr><td rowspan="2">今日一日、大きな声でしたか？</td><td>は　い</td><td>理由</td><td colspan="3"></td></tr>
<tr><td>い い え</td><td>理由</td><td colspan="3"></td></tr>
<tr><td>今日の自分への期待は何ですか？</td><td colspan="5"></td></tr>
<tr><td>今日の成果は何ですか？</td><td colspan="5"></td></tr>
<tr><td>店をきれいにしましたか？</td><td colspan="5">は　い　・　い　い　え</td></tr>
<tr><td rowspan="3">今日一日、誰と話しましたか？</td><td>さん</td><td rowspan="3">内容</td><td colspan="3"></td></tr>
<tr><td>さん</td><td colspan="3"></td></tr>
<tr><td>さん</td><td colspan="3"></td></tr>
<tr><td>今日、朝礼をしましたか？</td><td colspan="5">は　い　・　い　い　え</td></tr>
<tr><td rowspan="4">サンキューレターを書きましたか？</td><td colspan="3">は　い　・　い　い　え</td><td>枚数</td><td>枚</td></tr>
<tr><td rowspan="3">内容</td><td>①</td><td colspan="3"></td></tr>
<tr><td>②</td><td colspan="3"></td></tr>
<tr><td>③</td><td colspan="3"></td></tr>
<tr><td>タイムカードにサインをしましたか？</td><td colspan="5">は　い　・　い　い　え</td></tr>
<tr><td>そ　の　他
今日の感想・反省</td><td colspan="5"></td></tr>
</table>

4 「損益表」で儲けをきちんとつかもう

店の存在価値は利益を出すこと

「売上が高い」あるいは「伸びている」という状態は、大変よいことです。そして、なによりも、その店の存在価値となる最も大切なことは「儲かっていること」です。つまり、利益を出すことは絶対的な条件です。

利益は、店を継続させるために必要なものです。儲かってこそ、そのお店は、お客様、従業員、業者、お店に関係するすべての人々に感謝されます。

パン店は儲かりやすい商売といわれます。でもそれは、販売力＝経営力がある場合に限られると思います。

お客様視点で経営ができて、儲けたお金をどのように分け、還元するかは重要な問題です。

経営者一人でがっぽりまる儲け、そんな時代ではありません。店は長く続けていき、より高い売上と利益を出せる店こそ、利益の分配をしており、利益の3分の1を店の将来のための蓄え、3分の1は従業員への還元、3分の1はお客様への還元として活用しています。

月次損益表のつくり方

まず、損益表は1ヶ月分の売上からすべての経費（変動費＋固定費）を引き、さらに返済金（税金含む）を引いたものが手元に残る利益です。利益が出た場合は黒字、利益が出ず不足金の場合は赤字です。

この損益表のつくり方ですが、次のようにします。

①1ヶ月分の買ったものの領収証をまとめておく。日報に転記してもよい
②人件費の計算をする
③日別・月間の売上をつけておく
④項目毎に集計する
⑤損益表に転記し、計算する

毎月10日までに前月分のものをつくるように習慣化しましょう。業者からの領収証（請求書）は月末までにもらっておくのがポイントです。

これを、1年間まとめてつくるのが年間損益表です。税理士などの専門家に外注することもできます。

参考として、税理士を探す場合の問い合わせ先は、日本税理士会連合会（http://www.nichizeiren.or.jp/）をご覧ください。地域や業種を絞って、税理士を検索することができます。

月次損益計算表のサンプル

月次損益計画表

		1月		2月		3月		11月		12月	
		実績	比率	実績	比率	実績	比率	実績	比率	実績	比率
売上高	売上高										
	計										
売上原価	月初在庫高										
	当月仕入高										
	月末在庫高										
	売上原価										
売上総利益											
営業経費	人件費										
	包装資材費										
	広告宣伝費										
	水道光熱費										
	リース料										
	その他諸経費										
	減価償却費										
	計										
営業利益											
営業外収入											
営業外費用											
経常利益											

5

焼きたてを習慣化する「焼成計画表」

開業前に必ず「焼成計画」を立てる

私は、お付き合い先には必ず「焼成計画表」をつくることをお願いしています。左ページにひな型を掲載しましたが、何時に○○パンを何個焼き上げていくか、という計画を立てるのです。

目標売上にしたがい、食パンを中心とした「おすすめ10品」に重点を置いて、焼き上げ個数を決めます。これらのパンは1日3～5回に焼き分けるようにします。

ここまでが、焼成計画表の柱になってくる部分です。

次に、焼成計画表を上手に活用するためのポイントを整理します。

①生地別に商品名を記入すること
②生地別に1回当たりの仕込みの量や作業の流れを記入すること
③自店の予定するピーク時間帯を決めて（午前・午後・夕方の3回）、その割合に応じて、製造個数を計画する。ここで微調整を行なうこと
④これを工場とレジ周りに貼り、営業中に従業員が確認すること

この焼成計画は、平日タイプ（平均売上の場合）と、忙しい週末タイプの2パターンをつくります。

しかし、お客様が多くいらっしゃる開店当初はこのままそっくり使えません。たとえば通常20万円タイプの焼成計画表がある場合に、開店時の目標売上が30万円とすると、1・5倍の数値にして計画表をつくればよいわけです。

このように表にすることによって、次のような効果が出てきます。

①店の全員、パン製造→売場づくりがイメージでき、スムーズに仕事がしやすくなる
②お客様の問い合わせに、即、対応できる
③「焼きたて」の意識の向上につながる
④次の売上目標への挑戦がしやすくなる

勘に頼らず、「仕組み」としよう

オーナーの力だけでは、繁盛パン店はつくれません。パン店は、多くの人たちの協力があってこそできる商売です。オーナー一人の勘に頼らず、従業員の誰もがわかり、合理的な基準による焼成計画をつくり、それを仕組みとすることが大切です。

焼成計画表のひな型

曜日	時間								4:00	5:00	6:00	7:00	8:00	9:00	10:00	11:00	12:00	13:00	14:00	15:00	16:00	17:00	18:00	19:00	20:00	合計	ロス	焼上回数
	客数																											
	商品名	価格	売上	構成比	個数	構成比	原価率	原価構成																				
1																												
2																												
3																												
4																												
5																												
6																												
7																												
8																												
9																												
10																												
11																												
12																												
13																												
14																												
15																												
16																												
17																												
18																												
19																												
20																												
21																												
22																												
23																												
24																												
25																												
	合計																											
	構成比															%				%								
	時間帯毎の構成比								午前11:00まで								15:00まで				閉店まで							

6

原価率安定のために「商品基準表」をつくろう

決めた大きさ・形の一定したパンづくりのために

ここでは、単品のレシピ表、分割・フィリング重量表、仕込み表という3つの表をご紹介します。

これは、パン店で基本となるものです。修業中、開業前の準備中、そして開業後も、しっかり書面化するクセをつけましょう。

皆さんは、レシピをどのくらいお持ちでしょうか。左ページのサンプルを見ながら、今、頭の中にあるものを全部書き出してみてください。それが、あなたの開業を成功させられるかのカギとなります。

この3つを合わせて、商品基準表と呼びます。パンづくりで大切なのは、目で見てわかる基準です。これらの表によって、自分以外の人と共にパンづくりをしたり、販売することが可能になります。

単品レシピ表はファイルに保管していきます。製造メンバーはこれを見ながら確認し、製造技術を高めていきましょう。

分割・フィリング重量表は、工場のめん台（成形する場所）近くに貼りましょう。その表で確認しながら作業にあたります。

仕込み表は、仕込み場に貼ります。とくに、仕込み段階では計量作業があり、その日の気温、湿度、水温と、さまざまな環境状況の中で生地のこねあげ状況も変わります。このような表があると、製造ミスやロスが減ります。上手に活用していってください。

商品基準表があると、従業員が育ちやすい

繁盛店の条件として、「パンがていねいできれい」ということがあります。

誰もが基準を守り、同じようにつくるための仕組みとして、商品基準表が必要です。そして、この商品基準表は、従業員の教育ツールにもなります。また、製造員に限らず、販売員にとっても、基準通りでないパンを売場に出さない習慣付けにもなります。

焼き上げたパンの大きさ、形、焼き色、仕上げの状態を商品基準表にある商品写真と見比べ、よし悪しの判断を各人ができるようになることで、従業員のスキルアップにもつながるのです。

そして開業後、新商品を提案し続けることが、お客様に継続して喜ばれる店になります。

商品基準表

●レシピ表

製作日　　月　　日

品名		売価		原価		原価率	

材料	数量	原価	仕込み手順	調理手順
			①	①

見本

写真を貼る

●分割・フィリング重量表

生地名	商品名	生地(g)	フィリング(g)	合計(g)	備考

●仕込み表

天気
室温

売上:　　　円

予定数と実績を記入

担当：

予定回数 実績回数	生地	kg(量)	粉	水	牛乳	砂糖	塩	たまご	バター	イースト	他	こねあげ温度

7 人材育成のための「セルフチェック」

取り組み事項を自分自身で評価

売上アップするためには、従業員の成長が必要です。そのための仕組みを紹介したいと思います。

私のお付き合い先で成果を出している方法に、「セルフチェック」があります。

セルフチェックは、経営者がどうしても従業員にやって欲しいことを3～5つに絞り、項目立てて表にしたものです。

その項目について、従業員自らが、○△×式でセルフチェックします。まるで、夏休みの日課表のようですが、毎月1枚各人に配布します（タイムカードと同じ場所に保管）。

仕事を終えて帰る前に本人（従業員）が記入し、経営者（店長）からサインをもらいます。そして、タイムカードの脇に置いて帰ります。そのサインがもらえないと、仕事が完了したことにならないルールにしています。

大切なのは、このサインです。

この仕組みによって、1日1回は、経営者と従業員との一対一の対話の機会ができます。ほんの少しの時間、顔と顔、目と目を合わせて声をかけ合うだけですが、この交流が店全体を一体化させていきます。

従業員には目標が必要

さて、このセルフチェックですが、経営者がいつも同じことを従業員にいい続けなくてもよい、という利点もあげられます。

「人づくりには忍耐が必要」といわれますが、セルフチェックによる自己目標管理で、経営方針や基本的な考え方がうまく伝えられれば、それに越したことはありません。

従業員にとっても、「なんのためにやるのか」を理解することが大切であり、目標を持つことでイキイキと働くことができるのです。

とくに女性従業員に対しては、短期的目標は効果的なものです。

女性は、長期的目標より、目の前の身近な目標に対してコツコツと努力するタイプが多いのが特徴です。

パン店は、女性がメインとなって、学生バイトも多く働く職場なので、この方法は高い効果が期待できます。

あとは、自分自身が採用した人たちを信じ、任せる勇気を持つことが経営者にとって大切といえるでしょう。

セルフチェックをしよう

月度接客セルフチェック（表）　名前（　　　　　）																
日付	1	2	3	4	5	6	7	8	9	10	11	12	13	14	15	
1.挨拶でお迎えする																
2.おいしさ説明をする																
3.お客様の要望に快く応える																
4.笑顔で大きな声を出す																
5.個人目標																
責任者確認印																

月度接客セルフチェック（裏）　名前（　　　　　）																
日付	16	17	18	19	20	21	22	23	24	25	26	27	28	29	30	31
1.挨拶でお迎えする																
2.おいしさ説明をする																
3.お客様の要望に快く応える																
4.笑顔で大きな声を出す																
5.個人目標																
責任者確認印																

■評価のポイント

◎　…大変よくできた
○　…すすんでできた
△　…する気はあるが、できなかった
×　…できていない
空白…する余裕もない

スタート　注意事項
1.「こんにちは」をいう：大きな声でいえているかどうか
2. レジを打ちながら、一品一品商品名がいえているかどうか
3. 快く渡している
4. 快く「ハイ」といえる
5. 目線を合わせるように

↓

2～3ヶ月　注意事項
1.「こんにちは」をいう：大きな声で言えているかどうか
2. 一品一品に対しての保存方法を伝える
3. お客様の様子を見ながら、こちらから先に声かけできるように
4. 快くお応えできるように
5. 笑顔の提供：お客様とのコミュニケーションが取れるように

↓

3ヶ月以降　注意事項
1.「こんにちは」をいう：大きな声でいえているかどうか
2. トレーの中の1品に「おいしさの説明」ができる
3. 次回焼き上げ時間、お取り置きの声かけができる
4. 快く笑顔でお応えできるように
5. 笑顔の提供：お客様とのコミュニケーションが取れるように

8 店の1年間をイメージする「年間計画表」

年間計画表は店の航海図

私はお付き合い先では、経営者、店長、従業員の皆さんにも参加してもらい、毎年、年間計画表を作成してもらっています。

これは、その年1年間の、お店の航海図というべきものです。

目的地はどこで、どのルートを、どのような方法で進んでいくのかということを決め、まとめていきます。

つまり、経営者が描いたイメージを、目に見える形にするのです。

私は、この年間計画表を書く時、ワクワクします。「1年後には、この店はこうなっているんだなぁ」とイメージできるからです。

開業前の準備で、経営計画書、投資・返済計画書をつくりますが、開業後は、毎年の運営の指針ともいえる、この年間計画表が必要になってきます。

年度初めの月には発表ができるように、その2ヶ月前ほどから話し合っていきます。

まず経営者が、次年度の大きな方向性＝方針をつくって発表します。その話を受けて、全従業員が、それぞれ自分自身の目標を立てていきます。

この年間計画表を模造紙サイズの紙に書いて、店舗のスタッフルームに貼り出します。従業員全員がこの表を見ることによって、目標達成の意識が高まり、各個人のやる気にもつながることが期待できるからです。

年間計画表の活用法

年間計画表の個人目標は、従業員の評価とやる気を引き出すために役立てることができます。その際、セルフチェックと同様の本人評価と、上司による評価を行ないます。

つまり、個人目標について、本人が◎・○・△・×をつけ、そして、経営者の目から見た◎・○・△・×をつけてあげるのです。

このような2通りの評価を行なうことにより、経営者は従業員とのコミュニケーションを密にすることができ、店（職場）が活力を増していくのです。

たとえば、年度末が3月とすれば、正月明けの少し落ち着いた頃に経営者は12月までを振り返る時間が取れます。2月に話し合い、3月中旬～4月上旬に発表会をするという流れです。

年間計画表

店　名： 責任者：	今年のスローガン（会社として）	今年のスローガン（店として）

年間売上目標	円		生産目標	円		年間来客数目標	人		一番商品		目標 / 実績 / 前年
前年度実績	円		前年度実績	円		前年度実績	人			1.	
実績	円	%	実績	円	%	実績	人	%		2.	
										3.	

商品について	製造について	販売について	チームワークについて お店づくりについて

個人目標

名前	目標	1	2	3	4	5	6	7	8	9	10	11	12	名前	目標	1	2	3	4	5	6	7	8	9	10	11	12

（振り返ってみてどうでしたか：1〜12）

自己評価のしかた：◎期待以上に成果がありました　○大変よくできました　△やったり、やらなかったりでした　×努力が必要です

9

ひと目でわかる「月間売上表」と「年間予算計画表」

わかりやすい予算管理手法

ここでは、年間予算計画表と月間売上表という、2枚の管理表をご紹介します。

どちらも目標売上に対して実績がどうなっているのかが、ひと目でわかる表です。これを使うと、数字が苦手な人でも売上に関心が持てるようになり、思った以上に効果が上がります。

この表を作成したのは、パン店で働いている全員が充実感を味わえるようにしたかったからです。

パン店では作業分担が明確であり、毎日ルーティンの作業が多く、あわただしく1日があっという間に終わっていきます。

「楽しく、やる気を持って働きましょう」といいたいところですが、それだけでうまくいくわけがありません。

そこで、個人目標をつくったり、セルフチェックで自己評価するなどの仕掛けをします。

従業員にとっても、一番の動機付けとなるのはお客様に喜んでもらうことと売上達成なのです。売上が好調な時は、みんなニコニコ、イキイキと働いています。

しかし、パン店の多くでは売上数値も知らされず、一作業員としてのパート、アルバイトと接している経営者がまだまだ多いというのが現状です。ただ作業の要求をされるばかりでは、従業員のモチベーションは高まりません。そこで、数値の公開という手法を考えたのです。

目標ラインを設定し、感謝の気持ちを込めて

予算は、全従業員のおかげで達成できるものです。オーナーからの感謝の気持ちがみんなに伝わるよう、ひと工夫しましょう。

私は、1日の目標が達成できた場合は、シールを貼ったり花まるのマークをその表に書き入れるようにしています。気持ちが伝わる工夫を、皆さんも考えてください。

月刊売上表は、店のスタッフルームに貼り出します。1週間単位で○勝×敗と書き、コメントを加えましょう。従業員はこれに目を通したらサインします。

1ヶ月終わった時も、まとめて○勝×敗をカウントし、目標達成したならば、朝礼やミーティング時に、全員で褒め合う拍手をしてみてください。各自の自信につながり、さらにチームワークのよい店となります。

年間予算計画表も同様に活用してみてください。

目標達成のためのツール

●月間売上表（表に向かって左側は日販を、右側は月商の数値を記入）

(日販)(万円)																																(月商)(万円)
																																500
																																450
40																																400
35																																350
30																																300
25																																250
20																																200
15																																150
10																																100
5																																50
日付	1	2	3	4	5	6	7	8	9	10	11	12	13	14	15	16	17	18	19	20	21	22	23	24	25	26	27	28	29	30	31	
曜日																																

第1週	第2週	第3週	第4週

サイン欄

●年間予算計画表〔目標と実績表〕

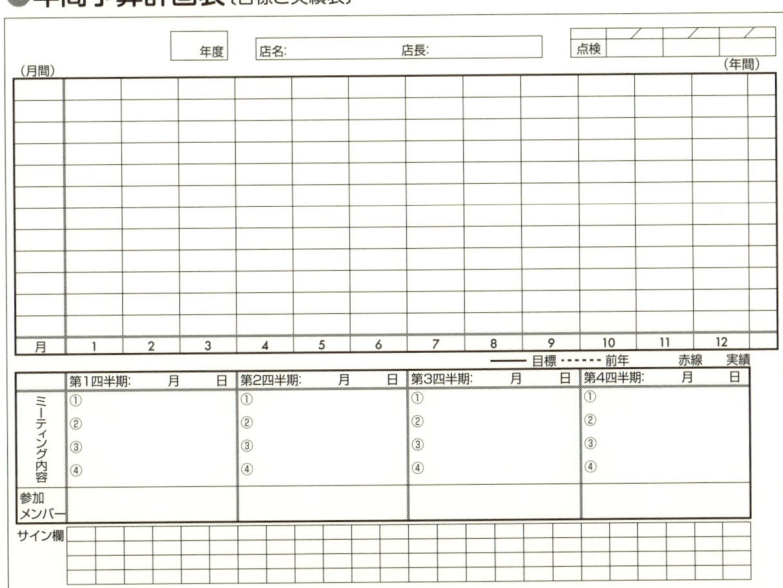

年度　店名:　店長:　点検

(月間)　(年間)

月	1	2	3	4	5	6	7	8	9	10	11	12

—— 目標 ------ 前年　赤線　実績

	第1四半期:　月　日	第2四半期:　月　日	第3四半期:　月　日	第4四半期:　月　日
ミーティング内容	① ② ③ ④	① ② ③ ④	① ② ③ ④	① ② ③ ④
参加メンバー				

サイン欄

10 将来を描く「経営計画書」

3ヶ年経営計画の立て方

経営計画書は、経営者が3年後の繁盛ぶりを見通すための数値計画のことです。

経営計画は基本的には、売上目標の数字をどのように伸ばしていくかを計画するものです。同時に、売上の伸びにそった人員採用計画を立てることができます。そして、借入金の返済と利益率と利益額の動向を、おおまかにつかむことができます。

２号店の出店計画がある場合は、この中に数値を含めていき、予定を立てていきます。

目安となる数値は以下の通りです。

・売上高・伸び率→前年比１０３～１０５％
・原価率→30～35％
・人件費率→28～25％
・水道光熱費→３～３・５％
・包材費→１％
・販売促進費→３％
・賃借料・リース料→５～７％
・その他経費→３～４％（有線・通信費・清掃業者料）
・減価償却費（ケースバイケース）

ここまでが、総経費の合計で、約80％を占めます。

つまり、売上１００％－経費80％＝営業利益率20％ということになります。これが理想的な数値です。

この営業利益20％から利息を支払い、その２分の１が税金となり、残りが手元に残る儲けとなります。

日頃から数字に慣れておく

実は、私もあまり数字が得意ではないのですが、経営と数字は切っても切れない関係にあります。ですから日頃から、数字に慣れておくことが必要です。たとえば、修業先の日報や月報を、自分なりにつけてみるといった勉強をするのもよいでしょう。

私のお付き合い先のパン店での勉強会では、営業報告として売上の発表が行なわれますが、それを全従業員が書き上げています。時には電卓を叩いたり、声に出して金額を復唱したりしています。これも、数字に慣れるために有効な方法といえるでしょう。

前述の「月間売上表」もそのひとつです。経営者に限らず、店長や販売・製造リーダーにつけてもらうことも有効です。

経営計画書

	初年度		2年度			3年度			備　考
	予算(万円)	構成比	予算(万円)	構成比	前期比	予算(万円)	構成比	前期比	
売上高									
売上原価									
粗利益									
販売費・一般管理費(減価償却費を除く)									
人件費									
水道・光熱費									
地代・家賃									
販促費(宣伝・広告)									
減価償却費									
消耗品費									
その他経費(通信費・交通費・保険)									
営業利益									
営業外収益									
支払利息									
経常利益									
税引前利益									
法人税等									
税引後利益(a)									
減価償却費(b)									
キャッシュフロー(a)+(b)									
借入元金返済額(c)									
借入元金残高									
返済後キャッシュフロー(a)+(b)−(c)									
返済後キャッシュフロー累計									

9章

繁盛店の
「おもてなし」サービスの
取り組み

1 藤岡流「お客様視点のおもてなしサービス」10の方針

お客様とお店の絶対的信頼関係をつくろう

繁盛パン店づくりには一対一の「おもてなし」サービスの取り組みが必要になってきます。

おもてなしサービスのキーワードは「おいしさの共有」です。これを実現するために、サービスの方針を10に整理してみました。

［方針１］パンをていねいに扱う

［方針２］食パン、フランスパンなどの大型パンはお客様のご要望に応じて必ずスライスサービスしよう

［方針３］お客様のご要望にはオールＯＫ！「はい。かしこまりました」と受けよう

［方針４］お客様の目を見て笑顔。従業員同士の目を見て笑顔でにっこり

［方針５］お買い上げいただいたパンに同調サービスしよう。「これ、本当においしいんですよね」

［方針６］パンをおいしそうに陳列しよう

［方針７］鮮度のよい商品を、お客様に近いほうに出そう（後入れ先出しの方法）

［方針８］パンを売り切る力を身につけよう

［方針９］パンのおいしさを分かち合えるように、直接、手渡しで試食を出そう

［方針10］お客様にやさしく、従業員同士にやさしく、物にもやさしく

この内容を踏まえて、皆さんのお店のサービスの方針をつくっていただきたいのです。この後の項目で、その基本的考え方と具体的取り組みをご紹介します。

サービスの基本方針が決まれば、従業員に任せられる

既存店で、このサービスの方針を持っているところは稀です。だからこそぜひ取り組んでほしいのです。

大切なことは、お店が目指しているサービスのイメージを、従業員に理解してもらうことです。そのイメージを理解してもらえれば、あとは、本人の自主的判断に任せても大丈夫です。

そのために、経営者の方には、このサービス方針をまとめたハンドブックの作成をおすすめします。朝礼時に全員で唱和したり、販売員の接客力アップのミーティングでこの内容について話し合うことで、サービスの質向上につながっていきます。

おもてなしサービスの10の方針

1. ていねいに扱う
2. スライスサービス
3. ご要望はオールOK
4. 目を見て笑顔

8. パンを売り切る
9. 直接手渡しの試食を出そう
10. やさしく

2 何よりも、地元のお客様を大切にしよう

第一印象をアップしよう

「繁盛店＝活気がある」。それを実現するためには、第一印象が決め手になります。つまり、お客様がお店に入って来られた時の印象です。

具体的には、見た目のパンの品揃えの豊富さと在庫量の多さ、そして、従業員たちのお迎えの声です。第一声は、「おはようございます」「こんにちは」「こんばんは」――この3つの挨拶です。挨拶だと、お客様も返してくれる可能性があります。

そしてサービスのもう1つのキーワードは「一対一」です。ですから、全員がいっせいに声を揃える必要はありません。お店の代表がお客様の入店を見て、ひと声かけます。あとは、気づいた人がバラバラでよいのです。

また、製造員の元気のよい挨拶も大切です。工場が開放的な店づくりが集客につながります。製造員のイキイキした様子も効果を発揮するのです。

ご近所のお客様を大切に。「ていねいに」「ゆっくりと」

繁盛店にするための私の基本的な手法に、「小商圏再来店法（地元や小商圏内のお客様に、何度も来店していただくための方法）」があります。

パン店は小さな商圏で商売をします。ですから、一回来店していただいたお客様には、一生のお客様になっていただきましょう。

そのためには「ていねいさ」が重要です。たとえば、お客様のことは「お客様」と呼ぶ、お客様との受け渡しはすべて両手で行なう（トレーとトング、商品、金銭）、各パンの商品名を読み上げながらレジを打つ、各パンの特徴を加えながら包装する（「こちらのパンは生ものです。本日中にお召し上がりください」など）、そして、「ありがとうございます」と、感謝を伝えましょう。

次に、「ゆっくりと」。この「ゆっくり」は、もちろん「遅い」「のろい」という意味ではありません。

お客様の信用を得るために効果的なのは、話すスピードをゆるめることです。パン店の販売はあわただしく、口調も早くなりがちです。早口で商品説明されると、あいまい、または雑な印象しか与えられません。

ですから、ゆっくり、はっきりと話します。そのほうがおもてなし感が伝わります。

挨拶で声をかけよう

3 お客様のニーズに合わせたおすすめのしかた

お客様のご来店時間に合わせたひと声かけ

これからは、他店とはひと味違った接客をしてみませんか。それは、お客様の来店動機に合わせて、挨拶する、声かけするといったことです。

お客様が入店された時には挨拶をしましょうと、前述しました。「おはようございます」「こんにちは」「こんばんは」すると、お客様も挨拶で返してくれます。これは、「スターバックス」で、すでに皆さんおなじみになっていますね。そして次に、コンビニでの声かけをひとつのモデルとしたいのです。

それが、時間帯別にお客様の欲しいであろう商品をおすすめしていくものです。

お客様が入店されたらすぐに、その時間帯にぴったりと合いそうな、パンを声出し紹介していきます。

朝↓「おはようございます。朝食に、カリッとした触感の焼きたて塩パンと、新鮮サラダを一緒にいかがですか」

昼↓「こんにちは。今日のランチに、焼きたてフランスパンにスライスしたての生ハムを挟んだサンドはいかがですか」

午後↓「こんにちは。おやつに、ザクザク食感の第三のメロンパンとカプチーノを一緒にいかがですか」

夕方↓「こんばんは。夕食あとのデザートに、人気ナンバーワンのパンプディングはいかがですか」

売場に販売員がいれば、入口あたりでトレー、トングを直接手渡し、その時に個別に声をかけてください。

販売員がレジにいたり、品出し作業をしている時は、その場から入店直後のお客様へ向けて元気に声をかけてみてください。

個人的に自分のおすすめを持ちましょう

来店された際に、おすすめして欲しいパンがあります。それは、自店の一番商品と、おすすめ10品、そして、その時のフェア商品です。この商品が売れれば、売上アップにつながるからです。しかし、それがずっと変わらないのは、困りものです。

そこで、個人それぞれの好きなパンがあると思います。それを提案してお客様とおいしさの共有をはかるのです。そうすれば、お客様も毎回新鮮な気持ちで来店してくださり、常連客となるでしょう。

お客様へのおすすめ事例

朝

「おはようございます！朝食には作りたてのミックスサンドがお勧めです。ホットコーヒーと一緒にいかがでしょうか？」

昼

「こんにちは！お昼には秋野菜をトッピングしたチキンピザの焼き立てをご用意しています。いかがでしょうか？」

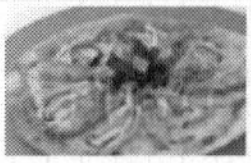

午後

「こんにちは！おやつに、当店でコトコト煮込んだ、揚げたてのカレーパンはいかがでしょうか？おやつにも夕食前にもピッタリ合うと思います。」

夕方

「晩御飯あとのデザートに、当店人気 No.1 のパンプディングはいかがでしょうか？明日の朝には、当店自慢の幸せ食パンはいかがでしょうか？食べたらその日一日幸せになりますよ！」

●ベーカリー接客講座（藤岡千穂子連載）より引用（e-創・食Club参照）

4

食パンは必ず、スライスサービスで

単なる買い物にプラスアルファのサービスを

パン店のお客様の利用動機には2つあります。

1つ目は、利便性（手軽に、短時間で買い物をする）だけを求めて来店するタイプです。その場合、コンビニに代表されるような、セルフサービスの売場が適しています。

2つ目は、目的性を持って来店するタイプ（ゆっくりと時間を使い、買い物を楽しむ）です。そんなお客様には対面式の売場が好まれます。

ほとんどのパン店の場合、利便性の動機に対応可能なセルフ売場の店舗づくりです。一部のパン店では、この両方を持った店舗づくりをしているところがあります。

その代表に、銀座の木村屋總本店や神戸屋キッチンがあります。この両店は、サービスがよいと評判です。それは、目的来店のお客様に対応できる対面売場を持ち、パンが並ぶケースには荷物を置く台がついているからです。

お客様が荷物を持っている場合、お客様の手をわずらわすことなく、指さすだけで好みのパンを従業員が取ってくれるのですから、こんなに楽なことはありません。ただし、この対面売場は生産効率の高い店づくりの手法で、大商圏、一等立地が主でした。しかし近年、小型店、少人数店でもこのタイプが増えています。

さて、あなたのお店では、どのようにしたらサービスのよさを感じてもらえるのでしょうか。そのひとつが、食パンのスライスサービスコーナーを持つことです。

食パンで一対一の関係をつくろう

来店したお客様に、「一対一」のサービスを体験していただきましょう。その大きなチャンスをつくれるのは、一番商品の食パンでしょう。お客様の好みを聞いて、対面で食パンをスライスしてあげるのです。

スペースが十分に取れず、一時的にお客様にお尻を向けてスライスをしているところが多いようです。これでは、せっかくのお客様の気分のよさが半減してしまいます。ぜひ、開業する段階の店舗レイアウトの際に、お客様に対面でスライスできるスペースをつくっておきましょう。

なお、スライスのできない柔らかすぎる焼きたて食パンの場合は、「1ブロックにならできます」とひと言お断りし、パン用ナイフで1斤分をカットしましょう。

スライスコーナーを全面に出そう

●食パンコーナーとスライスコーナーは大きく目立つように

5 お客様も満足する、客単価も上がる「おいしさ説明」

お客様がよりおいしさを感じる「同調サービス」

買い物の楽しさや満足感をさらに高めるために、レジでの接客がとても大切になっていますね。

これまでのパン店のレジでは、会計作業をするだけの「モノ」のやりとりだけが主です。

これからのパン店として、「おいしさの共有」をしていけば、その商品価値がお客様に伝わり、お店とお客様との信頼関係がつくれるでしょう。

まずは、レジでお客様の選んだパンを褒めましょう。たとえば、「お客様、この塩パン、おいしいですよね」といった具合です。これをいわれたお客様は、「よい選択をしたわ」と満足感を得るのです。

これを、「同調サービス」と呼んでいます。

「おいしさの共有」をひとつしましょう

次は、お客様の選んだパンの中でひとつを選び、「おいしさ説明」をしましょう。

①お客様に笑顔で挨拶をします→「こんにちは。いらっしゃいませ」

②商品名を読み上げながらレジを打ちます。お客様と一緒に確認する基本的作業です→「パンプディングが１００円、ザクザクメロンパンが１８０円、ベーコンエッグが１５０円、合計４３０円になります」

③パンを包装しながら、お客様に「同調サービス」や「おいしさ説明」を声かけしていきます→「このパンプディング、自店の人気ナンバーワンなんです。私は、ホットのカプチーノと一緒に食べるのが好きなんですが、お客様はいつも何と一緒にお召し上がりですか？」といった、具合です。

ここでのポイントは、「おいしさの共有」なので、食べる時のおいしさがお客様と分かち合えたら最高です。

・商品の食べた時の印象（食感、たとえば、ザクザク、サクサク、パリパリ、とろとろ、とろける、といった、オノマトペを交えるとさらにおいしさ感が高まります）

・何と一緒に食べたらおいしいか（熱いスープ、香りあるフレーバー紅茶、熱いカプチーノ、りんごジャム、といった組み合わせの提案です）

そのためにも、すべての従業員が自分好みの食べ方を見つけておきましょう。

おいしさ説明シート

実践！ 書いてみよう。接客時に使ってみよう。
自分のパンの知識を深めて、お客様にそのおいしさを伝えましょう！

1．あなたのお店の人気ベスト5品は何ですか？合わせて商品説明をしてください。（プライスカード表示のもの）

2．ベスト5品をお客様においしさが伝わるように説明してください。（シズル言葉を使いましょう！）

食感：とろとろ、ぷりぷり、ザクザク
鮮度感：シャキシャキ、今が旬、つやつやとした
味・旨味：甘味、濃厚、ギッシリ、○○の香り
コーディネート：○○に合う、○○とピッタリ！

〈プライスカードの商品説明〉
事例：ゴルゴンゾーラと蜂蜜のキャレクロワッサン　368円
ゴルゴンゾーラ・パルメザン2種類のチーズをクロワッサン生地に折込み焼き上げています。付属の菩提樹の蜂蜜をかけて。

『青カビのゴルゴンゾーラをしっかりと感じていただけます。このままでも充分おいしいです。途中から、この菩提樹の蜂蜜をかけながら召し上がっていただくと、味が変わります。菩提樹の蜂蜜の独特な香りが鼻からプーンと抜けて、とてもおいしいです。』

	商品名	価格	プライスカードの商品説明	おいしさ説明（誰に、どんな時に、どんな風に食べて欲しいですか？）
1				
2				
3				
4				
5				

（e-創・食Ｃｌｕｂ　ベーカリー接客講座を参照）

6 お客様と一対一の関係づくり

決めた大きさ・形の一定したパンづくりのために

「お申しつけください」ボードの活用について6章6項で述べました。ここでは、それを上手に実践するためのコツをまとめていきます。

「お申しつけください」ボードは、店内のレジ付近に貼り出します。これを貼り出すことで、「サービスのよい店の雰囲気」が出てきます。お客様は要望を出しやすく、販売員はそれに応えようという「鏡の法則」が働くようです。お客様の難しい要望にも、最後まで聞く姿勢を持ち、徐々にそれに対応できる販売員、お店になっていきます。お客様の要望をお聞きし、「できそうだな」と思える場合、従業員個人の判断で、お客様にとって最善となるよう対応ができるように育てていきましょう。

一般的に、対応がわからない場合は、いったん、「お客様、少しお時間ください。確認して参ります」と、ひとこと伝え、ご理解いただき、経営者や店長に確認を取り、できるかできないかを告げます。より多くのお客様の要望を聞く雰囲気＝「店風づくり」にしましょう。そして、100%お応えできる体制をつくりましょう。

日頃からお客様の要望、ご意見を聞くことが、店内ミーティングを盛り上げます。サービス提案や商品開発の提案をみんなが出し合う、全従業員がやりがいを持てるお店になります。

即答できないことは誰に聞いたらよいか

わからないことがあった場合、「誰に聞いたらよいか」というタイトルの一覧表を貼っておきましょう。これは、従業員全員のお守りのようなものです。

時には、お客様の要望や質問に自分自身では即答できないことがあります。そんな時でも、お客様には笑顔で対応したいですね。そこで、どんな要望の場合は誰に聞いたらよいか、要望に応じて項目別に整理しておきます。誰に聞けばよいかがわかっていれば、聞かれた時も気持ちに余裕が持てるでしょう。

一覧表に乗っていないことが発生した時でも、経営者に聞けばすべてのことがわかるのですが、いつも近くにいるとは限りません。たとえば、経営者が休みの場合は次の責任者、次の責任者もいない時にはAさん、というように決めておきます。

誰に聞いたらよいかシート

（記入例）

こんな時は	まずは	次に
パンの焼き上がり時間	窯担当者	工場長
パンの取り置き、調整	販売責任者	店長
素材について	窯担当者	工場長
異物混入	製造責任者	店長

7 鮮度のよいものをお客様に出す工夫

焼きたてパンは、お客様の取りやすいところに

パン業界のこれまでの常識に、「先入れ先出し」があります。パン棚のパンが売れていくと、トレーに何個か残っている状態になります。ここで、そのトレーに焼きたてのパンを追加して並べるのですが、これまでは、売れ残っているパン（数時間前に焼いたパン）をトレーの一番手前、つまりお客様に近いほうに並べ、追加のパンは後方に並べていました。

しかし、これでは焼きたてパンはいつになってもお客様の手には届きません。いくら焼きたて回数を増やす努力をしても、水の泡になってしまいます。ですから製造現場と連動して、売場でも鮮度を追求しましょう。

そこで、焼きたてフレッシュなパンを買っていただくために、「後入れ先出し」を実践します。

その方法は、パンが売れていき、トレーに何個か在庫が残っている場合、トレーに残っているパンはそのまま奥に置いておき、焼きたてパンをトレーの手前から並べて補充するのです。

もう1つの方法は、数個の残ったパンのトレーをそのまま、いったん工場に下げ、今焼き上がったパンだけをトレーに並べて陳列するという、トレーごと差し替える方法です。この時、同時にフレッシュカードをつけます。

どちらの方法も、お客様にお買い上げいただくパンのうち、焼きたてを買っていただける確率が高くなります。

お客様はこのような体験を重ねると、鮮度のよいパン店として、あなたのお店を認知してくれます。

冷めたパンを焼き上がったパンに交換するサービス

レジ会計の途中、工場からあんパンが焼き上がってきました。たまたま、今、目の前のお客様のトレーにも、あんパンが乗っています。

こんな場合は、すかさず「お客様、焼きたてのあんパンと交換しますね」と商品の入れ替えをしてあげましょう。「もうひとつ買おうかな」と、いいサービスだと思われる瞬間です。

この会計時の焼きたてパンへの交換は、多くのパン店で体験するようになりました。

繁盛店のパン店は、このことを定番サービスとして取り組んでいるのです。

「後入れ先出し」を実践しよう

今までの不振店「先入れ先出し」

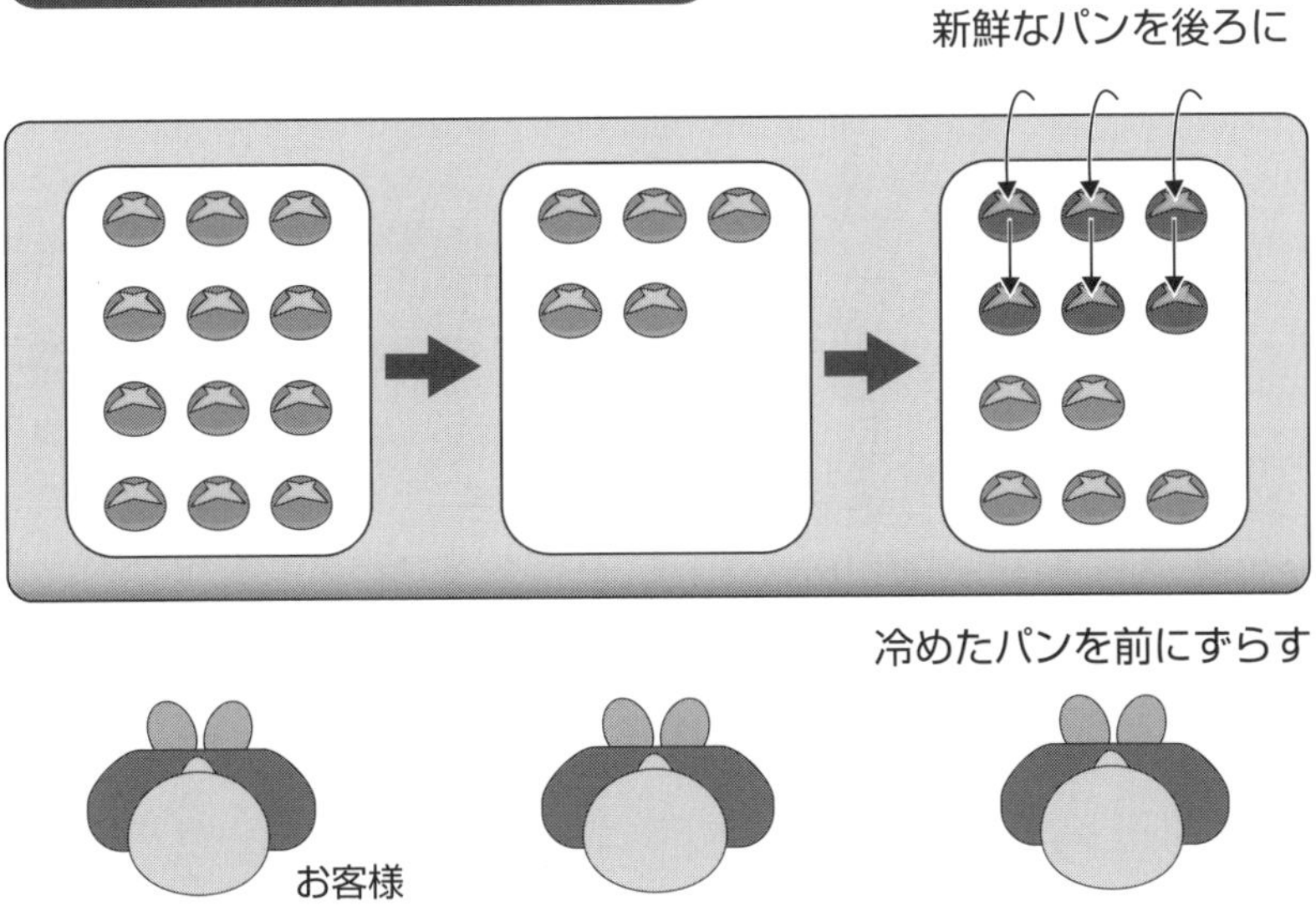
新鮮なパンを後ろに
冷めたパンを前にずらす
お客様

繁盛店「後入れ先出し」

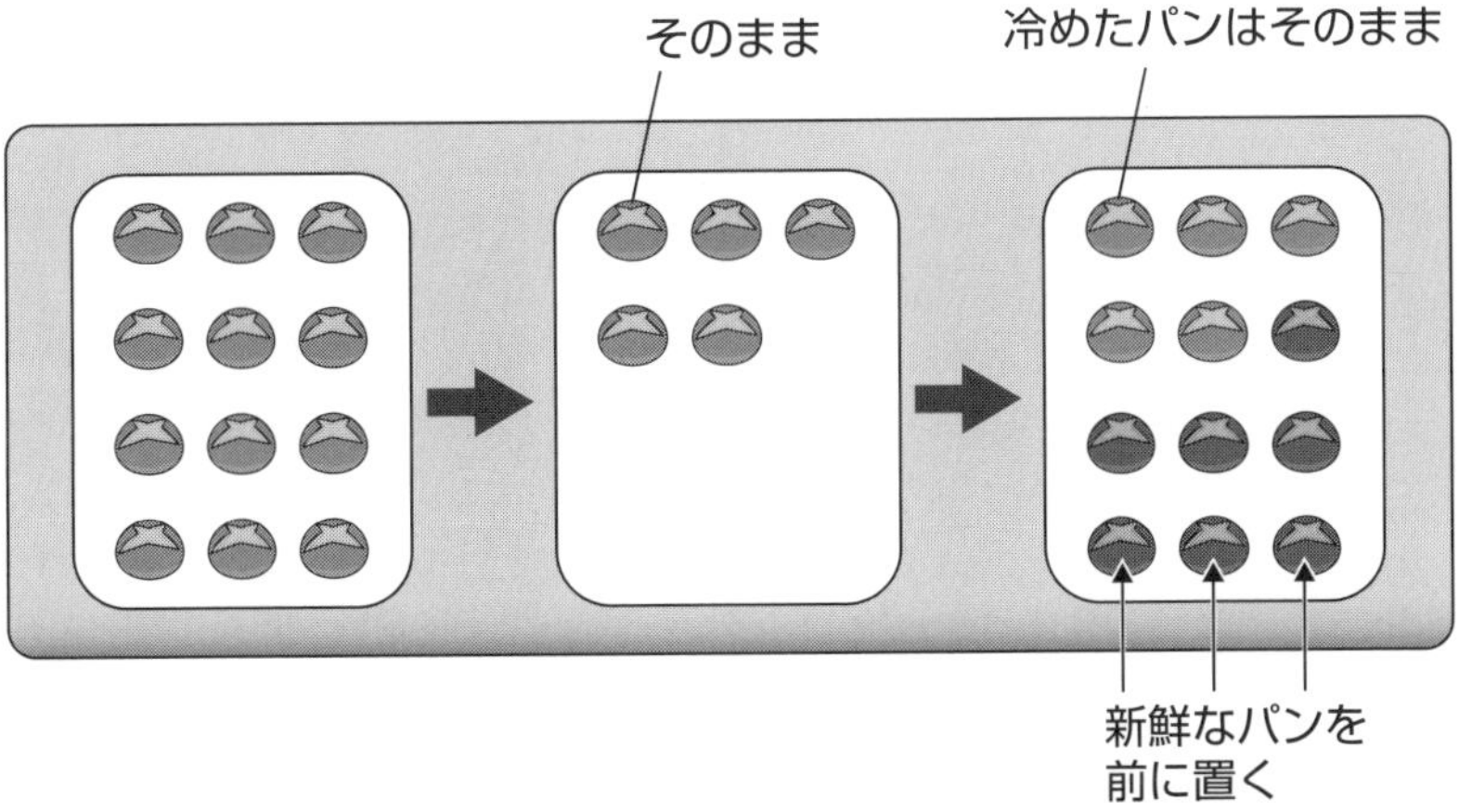
そのまま
冷めたパンはそのまま
新鮮なパンを
前に置く

8 パンを売り切る力を身につけよう

デパ地下の繁盛は販売方法の工夫から

いつも元気のいい繁盛ぶりを見ることができるところに、デパ地下があります。私も大好きな場所です。

私自身は、この現象を次のように整理しています。

・鮮度品を扱っているという自覚…従業員全員が、今日製造したものはすべて責任を持って売り切ると自覚している
・食べて欲しい商品を知っている…ドーンと山積みする。閉店間近まで追加し、常時、品揃えし続ける
・今日の分は売り切って、明日はまた新鮮な商品を出すことが集客につながると考える…ケース前の通路に立ち、声をかけ、試食品をたくさん出す
・購買意欲をそそる技をたくさん持っている…大きなプライスカード＋大きなＰＯＰ＋大きな声出し
・閉店1時間前くらいから売り切る仕組み…一番売れるコーナー（ゴールデンゾーン）に商品をかためて置く、販売員がついて試食販売するなど

もうひとつ、デパ地下の繁盛のキーワードは、ワクワクさせてくれることです。新鮮なうちに、おいしいうちに、売場と人＝販売員が一体となり、お客様にわかりやすく、おすすめしているのです。

パンも鮮度品、店の全員で売り切ろう

デパ地下の繁盛から学び、パン店でもできる具体的な取り組みは次の通りです。

閉店1時間半前から、店内の入口に一番近いパン棚に、残っているパンを山積みして置き、そこに試食品をカットして提供する責任者を配置します。

次に、購買意欲をそそる声かけを販売員全員でしていきましょう。

「当店、人気ナンバーワンの○○です。いかがですか?」「本日の目玉商品の○○です」「あと残り○個になっております」「ただいま焼きたて（揚げたて）です」「明日の朝食にピッタリです。いかがですか」「ただいま、○○をご試食に出しています」などです。

これを私は「夕方マーケティング」と呼んでいますが、売り切る仕組みとして、ぜひ取り入れてみてください。このような取り組みは、まだまだパン店では数少ないのですが、おすすめしたい販売手法です。

コスト削減のための商品開発と販売手法

〈デパ地下がお客様の心をつかんで離さない理由〉

(1) 鮮度品を扱っている

(2) 今日製造したものは責任を持って売り切る自覚を持っている

(3) ケースの前通路で声をかけ、試食をドンドン出す

(4) みんな、元気よく張り切っている

(5) 食べて欲しい商品＝人気No.1やおすすめNo.1をわかりやすく演出
①一番よい場所に
②山積みにして
③大きなプライスカードをつけて
④大きなPOPをつけて
⑤人がついて
⑥試食も出して（しかも、つくりたて）
⑦お客様に近づいて

(6) 購買意欲をそそる声がけが豊富
①当店人気No.1の～
②本日の目玉商品の～
③ただ今～したてです
④あと、残り○個です
⑤明日の朝食にピッタリです!!
⑥○パック○○○円!!

(7) 閉店30分前から追加する?!

(8) 夕方の売場づくり～山積みしないとワクワクしない!!

(9) せっかくみんなでつくったものだからムダにしたくない！
材料も、人の手間も、時間も

(10) 商品に愛情を持つ。ゴミには絶対にしたくない！

(11) パンも、鮮度品であることを忘れずに！

10章

繁盛店づくりのための
販売促進＆売場づくり

1 販売促進は、お客様にお店の魅力を知らせる活動

繁盛店づくりの販売促進の基本的な考え方

私は、販売促進活動の基本は、「お客様にお店の魅力（強み）を知らせる」ことだと思っています。他店にはない自店だけの強み、つまり、以下の4つをはっきりと伝えましょう。

①経営者の想い、経営方針
②商品コンセプト、品質、おいしさの理由
③一番商品とおすすめ上位10品の独自の「おいしさ情報」
④「おもてなしサービス」の品揃え（お客様の要望への対応）

これらについて、店内外でお客様に「わかりやすく」表現しましょう。その手法としては、ＰＯＰ、チラシ、地元情報誌、ＳＮＳ（ソーシャルネットワーキングサービス）を活用します。

一番効果がある販売促進活動はお客様のクチコミ

前述以外に、究極の販売促進活動があります。それは、「お客様によるクチコミ」です。

最近のお客様のクチコミは、直接おしゃべりすることと、プラスＳＮＳを使ったものが一般的になりました。そのため、そのクチコミを知ったお客様が遠方からご来店されるケースもあるようです。

ただ、よいことだけではありません。クレーム＝苦情も同じように広く伝わります。地元のお客様だけにではなく、全国ネットで悪評も広まるのが今の情報社会です。これからは、ネットを上手に活用していきたいものです。

販売促進の計画を立てる

販売促進費率は、年間売上の3％が目安です。

理想としては、この3％をお客様満足費とし、商品の不具合時の返品や返金、ご意見ハガキや礼状の費用にあてたいものです。

開店1年目は販売促進費の予算をきちんと決めて、しっかり地元のお客様に知らせる活動をしてください。開店時の販売促進がその後の成功を決めます。そして3年間は、計画を確実に実施してください。そのために年1回の創業祭は必須です。

左ページに掲げたチラシは年1回のチラシ販促で効果の高かったものです。期間限定の割引＋約3ヶ月間の割引カードでお得意様を固定客化するものです。

イベントで販売促進しよう

●新潟市「サフラン」チラシ

2

当たるチラシはこうつくる

チラシづくりの基本を知り、自作しよう

お客様を集客するチラシをつくるためには次のようなポイントがあります。

①集客のポイント（特典）を一番はっきりと目立たせる

②集客のための割引を行なう

・集客力・大→割引率50％（開業時はこの割引率で）

・集客力・中→割引率20％～30％

③タイトルは大きく、メッセージ風に表現する

④一番商品やおすすめ10品の商品名と商品説明、商品イラストを大きくはっきりと描く

次に、基本レイアウトについて説明します。左のように1枚の紙を4分の1ずつに分けます。これは縦長の場合も横長の場合も同じです。

上部4分の1はメッセージ風のタイトルと特典、下部4分の1は店情報の全般とお客様のご意見ハガキの改善内容などを載せます。

中央部分は、全体の約50％の面積を占めるメインの部分になり、お客様に訴求したいことを書きます。

パン店のチラシの場合、「手書き」が絶対おすすめです。パンも写真ではなく手書きのイラストをおすすめします。パソコン写真入り仕上げは、冷たく、他の多くのチラシと同じように見えてしまいます。

「手書き」は、お客様においしさをイメージしてもらいやすく、パン店として「手づくり感」「あたたかさ」を伝えやすいのです。

チラシの折り込み方

チラシ枚数の目安は1万～3万枚です。この枚数を新聞に折り込むと、自店から半径1キロ～3キロの商圏で、約3万～10万人が対象になります。

パン店の場合、製造直販であるため、供給量に限界があります。一度にチラシを折り込んでしまうと、一気にまとめてお客様が来店し、パニックになります。これではお店のよさなどをわかっていただけません。このため商圏を2分割して2度に分けて折り込みましょう。

・販促開始前日→商圏内の2分の1に予告的に

・販促開始2日目→残り2分の1を

この結果、基本的には、販促最終日の売上が一番高くなります。

チラシレイアウトの基本

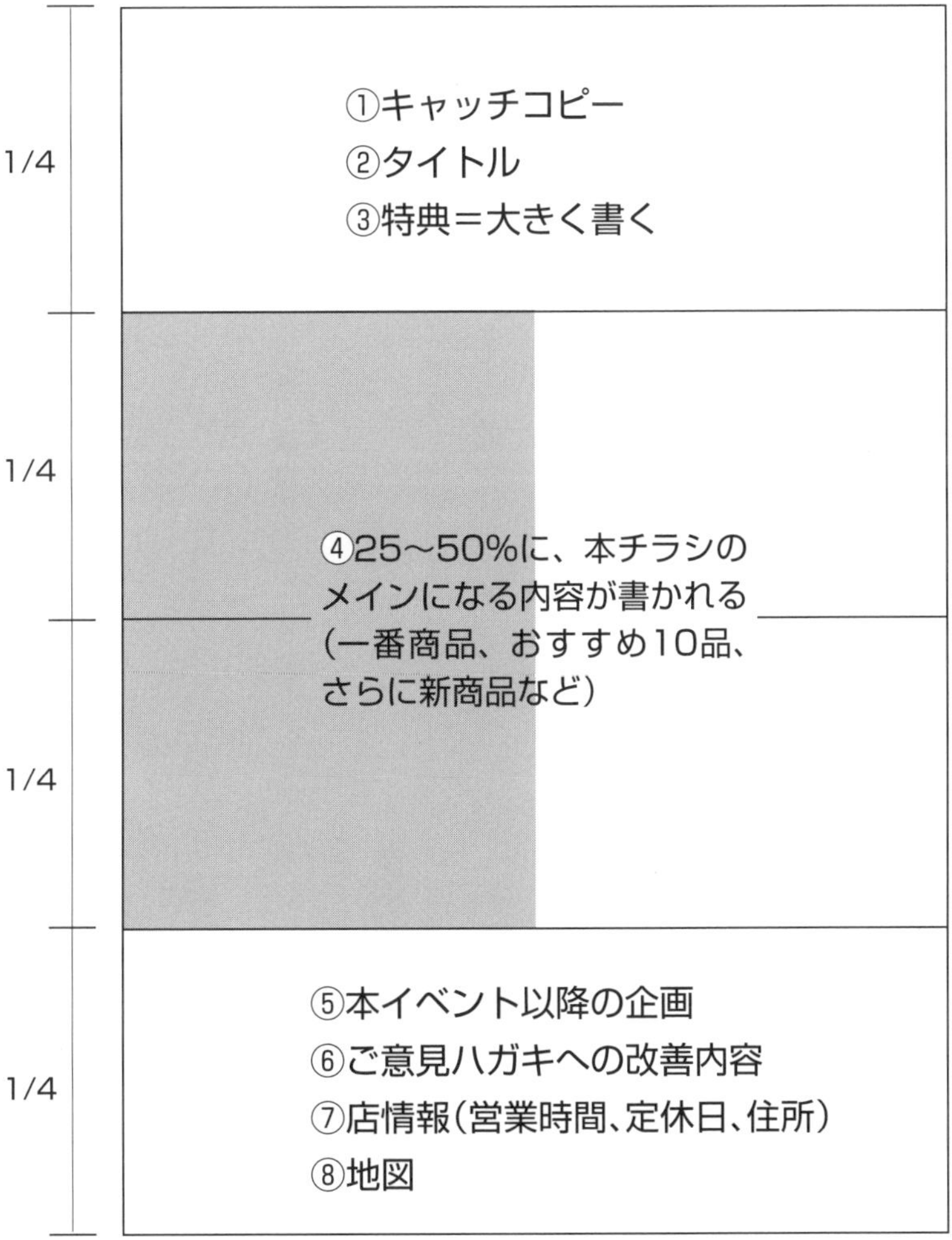
1/4
①キャッチコピー
②タイトル
③特典＝大きく書く
1/4
④25～50%に、本チラシの
メインになる内容が書かれる
(一番商品、おすすめ10品、
さらに新商品など)
1/4
1/4
⑤本イベント以降の企画
⑥ご意見ハガキへの改善内容
⑦店情報(営業時間、定休日、住所)
⑧地図

3 新店開店で成功するための販促活動の勘どころ

最高日販から年間売上が決まる

どのお店にも、目標の年商があります。では、オープン日にいくら売ればよいのでしょうか。開店日の売上が、そのお店の一生を決めてしまうのです。ですから、初日に最高日販が出せるようにしたいものです。

マーケティングの原則では、「最高日販＝年商（目標売上）÷180（指数）」とされています。最高日販によって、年間売上が左右されるということです。

新店開店で最も大切なことは、第一印象です。ここでは、その成功のコツを整理してみます。

①まず、商品のパンを切らさないこと、②売り上げるパンを決めておいて、チラシと連動させ、集中して製造すること、③売れる曜日（週末など）に一番集客が大きくなるよう、期間を設定すること、④人員の増員（製造、レジ、品出し、クーポン券の配布などの応援要請）、⑤取引業者への協力のお願い、⑥クーポン券配布場所をレジ以外に設置（レジではレジ業務に集中）、⑦開店前の事前ミーティング、⑧開店前トレーニング（製造、サービス共に）、⑨開店日終了時ミーティング、⑩達成会（お疲れ様会）、⑪当たるチラシで販売促進すること（チラシは、B４判、カラー、手書き。１枚当たり@10～15円＋折り込み代@４円が目安）、⑫経営者は目標売上が達成できると信じていること

その中でも私は12番目の「経営者の確信」が、一番大事だと思っています。店は経営者で99％決まるのですから。

開店前のトレーニングのコツ

私の開店前トレーニングの方法は、次の通りです。

①「あ～」の音で気持ちよく発声練習
②自分の一番ステキな笑顔を知るスマイル練習
③ロールプレイング（お客様役、販売員役を決めて行なう状況対応の練習）
④商品を知るための試食会と私の好きなパンを声に出して発表する会

トレーニングは、製造員も販売員も一緒に行ないます。ここで大切なことは、自分自身が、「気持ちよい」「おいしい」「楽しい」を実感することです。

集中してできる、１回１時間30分がトレーニング時間の目安です。

販促活動は開店初日が決め手

4 売場づくりの基本

女性の目線が基本

売場づくりの基本を知ったうえで、店舗レイアウトや、什器やＰＯＰの設置場所を決めてください。左ページ上図に、棚それぞれの高さを表示しました。

①壁面パン棚…3～4段の棚、床より50センチが最下段となります。上の棚との間隔は27～30センチが目安です。奥行きは50～60センチ。照明が必要です。

②パン平台…下段は床より75～80センチ。これは一般的なテーブルの高さです。上段は下段から30センチの高さにします。幅は1～1・1メートル、長さは2・4～3・0メートル。一目で見える品揃え24～40品が並ぶことが目安です。

③パン棚…食パン棚です。レジ後方に設置する場合、最下段は作業台で、床から75センチのところにつくります。その作業台から50センチ上のところに食パン棚。そこから25センチ間隔で2、3段目の棚を設置します。奥行き40センチ、長さは1・8～2・4メートルが目安で、照明を斜めに当てることがポイントです。

パン棚の一番の集客ゾーン（ゴールデンゾーン）は、高さ1・1メートルあたりで、①壁面パン棚では上から2段目、②パン平台では上段、③パン棚では食パン棚の一番下の段となります。

この高さを目安にして、最も売上の期待できる「おすすめ10品」を並べましょう。

このゴールデンゾーンは、女性のお客様の目線が一番集中するポイントで、女性の肩の高さです。体で覚えていきましょう。

市場（いちば）感のある売場のつくり方

さて、次は通路幅ですが、メイン通路…1～1・1メートル、片側しかパン棚がない場合…80～90センチ、レジ前の幅…1・5メートル確保、レジ棚の後方作業棚との幅…70～80センチ、入口から最初のパン棚までの距離…1メートル程度となります。

また、ボードを吊り下げる場合は、床より1・8メートルの高さが必要です。お客様の導線の基本は、入口から入って右回り（時計回り）です。人は心臓を守るようにして、壁面にそって歩くといいます。そうして安心して買い物ができるのです。

売場づくりの原則

●密度をつくる（豊かさとハイイメージ）

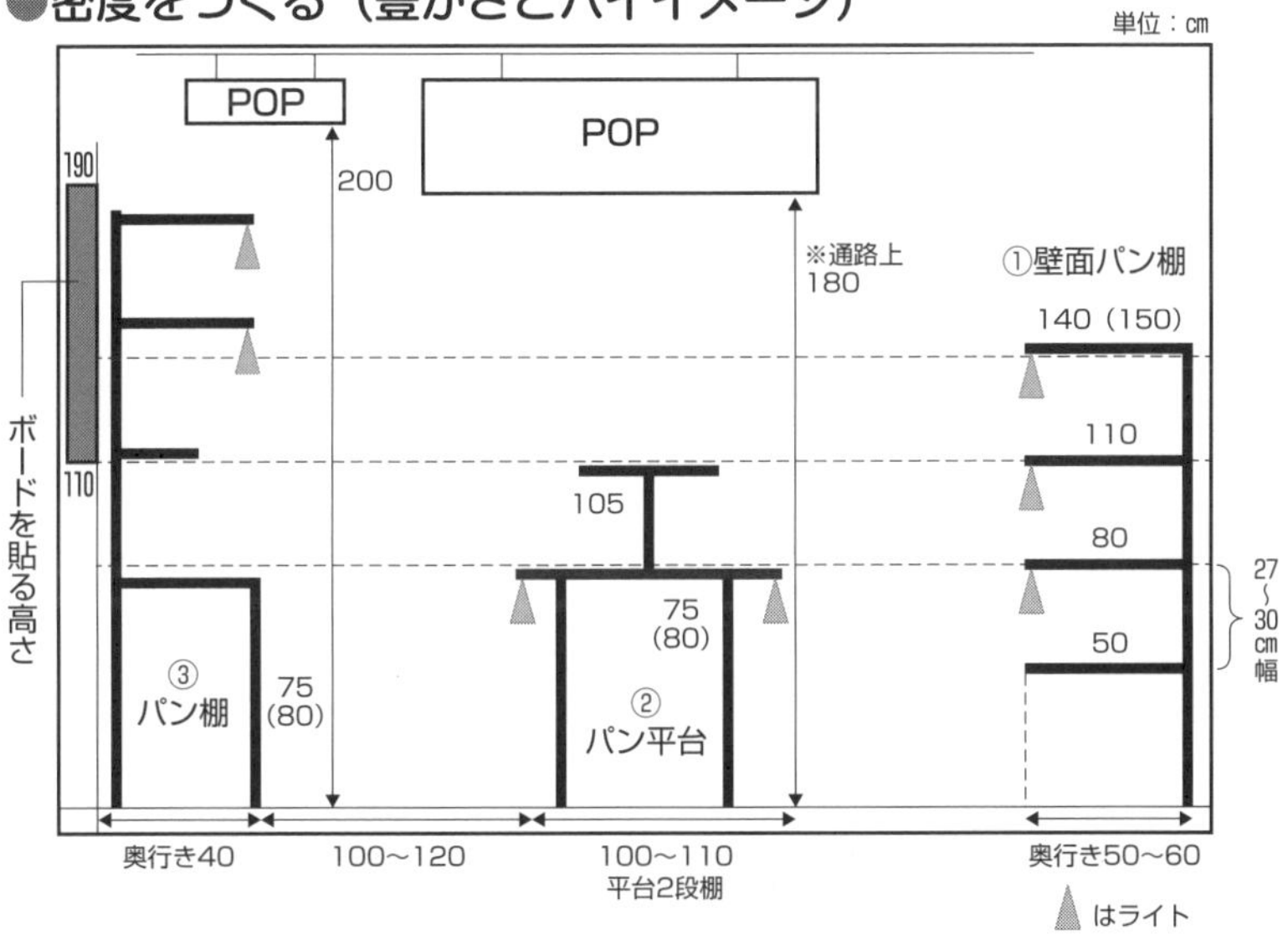

●お客様の導線を考える

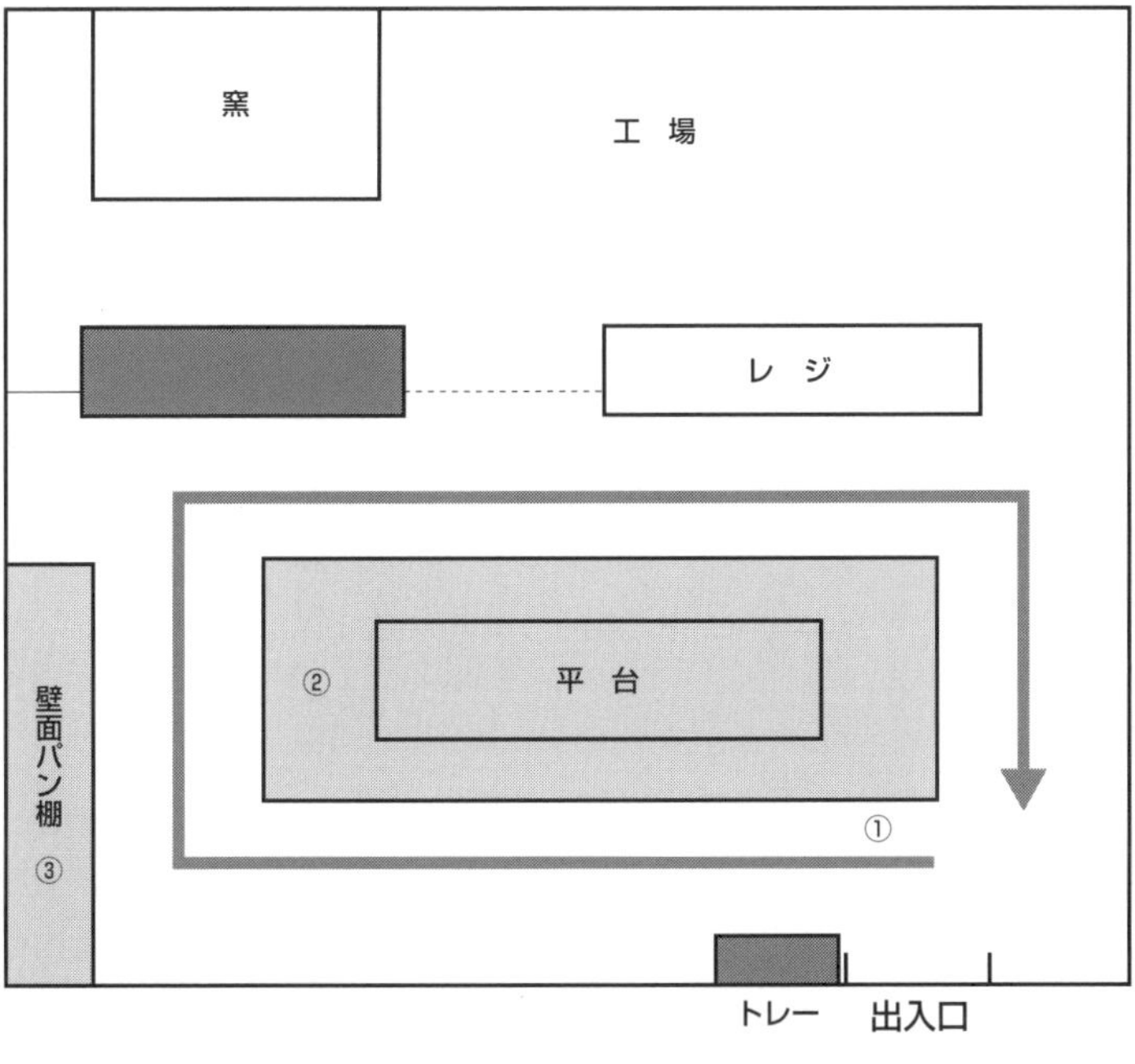

5 小さなお店のレイアウト事例

少人数で、日販売上が一桁の場合

売上のイメージがつけば、どんな店舗づくりをするかです。

7章4項で前述したように、売場の坪効率から必要な売場の坪数や店舗全体の大きさがわかるでしょう。

また、これからの時代、人不足になりますから、少人数での運営がしやすいように考えておきたいものです。

ここでは、少人数で、日販が一桁（9万円以下）の店舗レイアウトのポイントをご紹介します。それ以上の売上目標のお店でも、これからは小型店舗をおすすめします。

売上が日販9万円、年間売上２７００万円（日販9万円×３００日営業として）の場合、売場坪効率の一般的な店８００万円とするならば、売場面積は、約4坪となります（２７００万円÷８００万円として）。

4坪といえば、店頭間口が二間、奥行き二間です。そうなると、売場が一桁のレイアウトの組み方、それは対面売場となります。

お店の人と、お客様が近い売場づくりを

店頭入口から二歩入った、約１・２メートルのところにパン棚の対面ケースを置きます。

ケースの長さは、１・８メートル～２・４メートルが目安です。その対面ケースの中に2段、さらにケース上も使えば3段棚となります。ただし、売上に応じて、それが1段の平台にしたりと、その棚数は変更してください。

１・８メートルでは、お客様が２～３人並び、２・４メートルでは4人が並びます。商品がそのケース中に、集中して陳列されるので、品揃えの豊富さ、在庫量の多さを実現できます。

窯は、そのケースの奥か、もしくは向かって左手に配置します。レジは、そのケースの右手となります。このレイアウトだと、焼きたてのパンを手際よく出すことができ、お客様は焼き上がりを体験できます。

埼玉県川越市の蔵の町並みに「川越ベーカリー　楽楽」という人気店があります。その店舗づくりには、私も大変学ばせていただきました。「お味噌のパン」が人気あり、対面式の売場で購入した後、店舗の庭で食べられるので、店内外にぎわっていて、お客様の笑顔がいっぱいの繁盛パン店です。

小さなお店は対面の売場をつくろう

●対面型の店内

●お店の人とお客様が近いお店づくり

6 売上に応じたパン棚、トレー数の目安

自店の売上に必要なパン棚で売場をつくる

ここでは、日販一桁の店舗に必要なパン棚の数を算出したいと思います。

たとえば、日販9万円の場合は、9万円÷（パン1個当たり単価140円×8個出し（1鉄板当たりの焼き上がり個数））で、1日、鉄板80枚分の焼き上がりとなる計算です。

80枚÷3回（1日大きく3回に分けて、売場に品出しした場合）＝26枚＝26品の焼き上がりとなります。

もしくは、80枚÷2回（1日2回をめどにして焼き上げて品出しした場合）＝40枚＝40品となります。この場合、売場が商品でいっぱいになっていれば、約4万～5万円分ということになります。

ですから、このお店のパン棚は、最大にトレーを設置すると40枚（品）となり、最少では26枚（品）となります。26枚では、売場に商品がいっぱい出ている場合、総金額が約3万円分となります。

自店の売場にフルにパンが並んでいる時に、売上がいったいいくらになるのかを知っておくことが大切です。

従来型のパン店では、品揃えが90品あれば、90トレーのパン棚を売場につくってきました。

これだと、1品1回焼き上げると、それで、このお店の棚はフル（＝1日分の売上が並ぶ）になり、約10万円を置いたまま時間が過ぎ、売場に動きや変化が起こらない活気のない状態です。パンが売れていくことで、売場にボリューム感もなくなります。とてもさみしい売場になり、お客様の集客が難しくなっていきます。そのようなことを防ぐためにぜひとも、自店の売上に応じてパン棚の数を決めてください。

もしも売上に対してパン棚の数が多いとわかったら

パン棚の数が過剰な場合は、まず壁面のパン棚を撤去してください。これまでの私の経験では、壁面のパン棚が余分に多いか、店頭間口のガラス面のパン棚が余分に多い場合がほとんどでした。

売場面積が広く、必要な数のパン棚だけでは売場が余ってしまう場合、イートインコーナーにしてください。

これからは、パンをおいしく食べてもらえる提案型のベーカリー店の開業、営業をおすすめします。

常に品揃えがあるパン棚数にしよう

7 棚割りの基本を知ろう

集客力をもたらす棚割りとは

最も大切なことは、入口に近いメインのパン棚に自店の一番商品を陳列することです。商品コンセプトや商品構成がよく、ていねいなパン、おいしいパンができたことを伝えられる、お客様にアピールする棚割りをしましょう。

ここでは、集客力をもたらす棚割り（どのパンをどの位置に陳列するのか）について説明していきます。

基本的には、菓子パンなら菓子パンだけ、惣菜パンなら惣菜パンのコーナーといったように、品群でかためて陳列します。

それは、お客様が同一品群の中から何品かを選ぶからです。甘いパンの中から3個とか、惣菜パンから2個といった具合です。

また、お客様が一度に見渡せる数には限りがあります。それは、両手を広げたくらいの範囲です。それが「一日20品」となります。その20品を一品群と考えて、棚割りをしましょう。

棚割りは縦割りが基本

この同一品群の棚割りは、縦割りにします。ひとつの品群の範囲は、人が両腕を肩の高さで横に広げた幅です。だいたい1・8メートルくらいです。昨今の陳列の主流は、直置きです。すると、一品当たり15センチを目安とすれば、平台1面に12品が並ぶことになります。

次に、そのひとかたまりの中に、お客様が「見始めるパン」を置いてあげましょう。つまり、その品群のおすすめのパンを1~2品、お客様の視線の先に置いて、足を止めさせる売場づくりをします。

その際、その商品は目立つようにし、在庫も多くすることが必要ですが、次のような点にも留意します。

①ゴールデンゾーン（床から高さ1・1メートルあたり）に置くこと
②プライスカードを、通常のものの1・3倍のサイズにすること
③通常の2倍のサイズのトレー、もしくは2枚置くこと
④トレー1枚分しかスペースが取れない場合は、2段、3段とパンを重ねて並べること

このようにメリハリをつけて、目立たせる陳列が必要なのです。

おすすめの商品が目立つように

●「一目20品」。両手を広げて1.8メートルが目安

●お客様が「見始めるパン」をつくろう

8

市場的なにぎわい感をつくるためのPOPの基本

お客様へ商品価値を伝えるPOP

POP（point purchase advertising）とは、お客様の購買意欲をそそるためのツールです。お客様目線のPOPは、販売員一人に匹敵する効果があり、売上アップにつながります。

とくに、一番商品とおすすめ5品＋フェア商品をより多く販売するために、POPを最大限に活用しましょう。

その種類は、プライスカード、セールPOP（価格で引きつける）、ショーカード（商品価値で引きつける）、キャッチPOP（キャッチコピーで引きつける）があります。

効果的なPOPは「手書き文字」です。パソコンを使う場合でも、手書き風の書体を選んでください。

「手書き」の場合、お客様が文字も図形と捉え、右脳でイメージしやすく、心が動き、お財布の紐が緩むという状態になります。一方、パソコンの堅い文字の場合は、文字は文字と捉え、左脳で読む冷静な状態になるので心が動きません。楽しくPOPづくりをしてください。

誰に、どんなにおいしさの特徴を伝えるのか

お客様目線のPOPづくりのポイントは、次のことを考えることです。

「この商品は、誰に、いつ、食べて欲しいのか?」「この商品のおいしさは?（見た目、食感、風味、味わい、食べた時の印象）」「この商品のキャッチコピーは?（最も魅力的な部分）」

これを、レシピではなく、お客様が食べた時の印象で表わします。今までのものは、つくり手側＝店目線の売りたいばかりの表現でした。

次に、つくり方のポイントです。

①文字は図形のごとく。「書く」のではなく「描く」。文字の色は3色まで

②余白が価値を引き立たせる（A4サイズのPOPをつくるならば、書く範囲は紙面内B5サイズくらい）

③描く順番は、一番はじめに、上部3分の1にキャッチコピー。下部3分の1に価格。残った真ん中の3分の1に商品名や商品情報

枚数は、一番商品とおすすめ5品＋フェア商品をつくればよいのです。店頭の懸垂幕や店頭に置くイーゼル看板も同様の手法でつくってください。

ＰＯＰは基本のレイアウトで

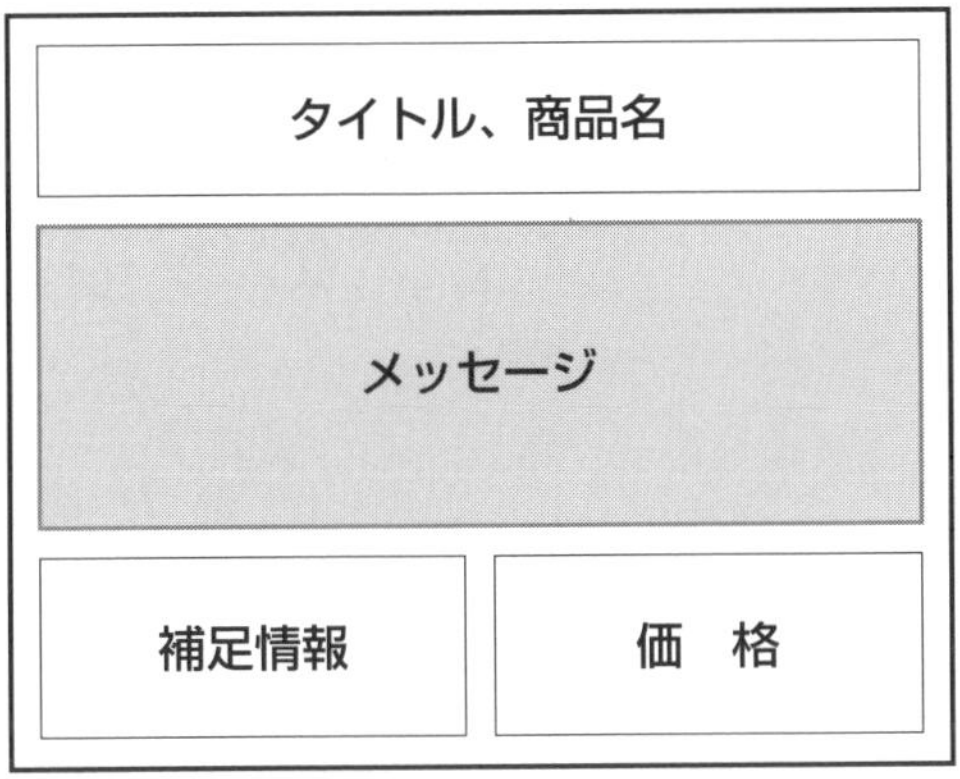

【基本レイアウト】①文字の色は３色以内にする。②中段にあるメッセージは、簡単に書くのがポイント。③商品名と価格に目がいきやすくなる。

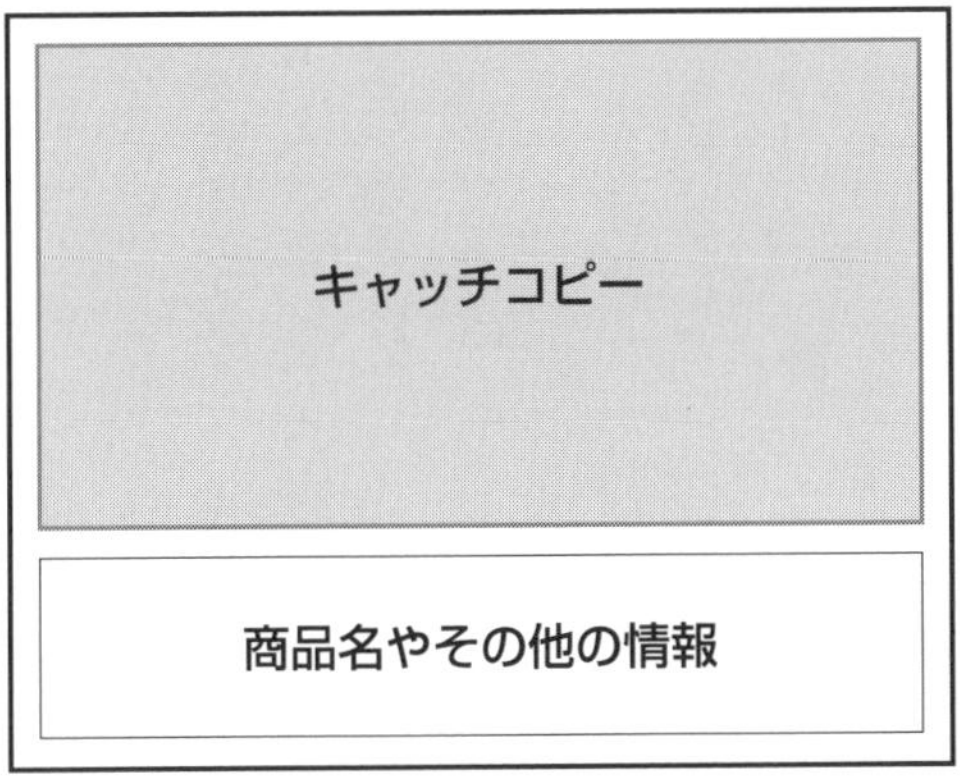

【キャッチコピーで目立たせるレイアウト】①お客様の心に響くキャッチコピーをスペースの2/3とする。②文字色は黒、赤、茶などのほか、商品のイメージカラーを使うのが基本。③用紙の色は、白や生成りを選ぶ。④キャッチコピーの長さは1行15文字以内、3行以内で。

●店頭懸垂幕も基本レイアウトでつくろう

9 お客様リピートのためのフェアの取り組み

一番商品＋自店おすすめ10品はより販売を高めること

お客様に選ばれる繁盛店は、商売の基本に忠実です。商売の基本とは、お客様が欲しいものを、欲しい時に、欲しい量だけ提供すること。そして、いつも同じ品質と価格であることです。

お客様は、来店頻度が多くなればなるほど、お店や商品に慣れてしまい飽きます。これでは、安定した売上や売上アップにつながりません。

販売促進の手段として、値引きや低価格の品揃えに頼らず、商品価値を高めていくことを考えましょう。

まず、お客様の購買意欲を高めるために、次の2つのことを行ないます。

①定番商品は定期的にリニューアルをする（生地、具材の見直し、形やネーミング）

②月毎のフェア商品の提案をする（毎月の季節行事に合わせて、テーマを決めて1～1ヶ月半単位で）

年間計画を立てて、定番と季節行事のフェアとを組み合わせます。

フェア商品は5～7品、多くても9品が目安です。売上構成比は、9～15％が目標です。15％売り上げれば、全体売上も１０３～１０５％に伸びます。

季節フェアは、入口を入ってすぐわかるように

季節行事毎にフェアを行なう場合、売場づくりがとても大事です。それは、お客様が見て、一目ですぐわかるかどうかということです。店頭入口での、懸垂幕やイーゼル看板で事前にお知らせすると効果的です。そして、お店に入ってすぐの場所に、フェアコーナーをつくりましょう。前述した、お客様目線のPOPも一緒につけてください。季節フェアの例をご紹介します。

1月…新春、和菓子パン和惣菜。2月…アイラブチョコレート。3月…いちご・スイーツフェア、春のお花見に連れていって。4月…春の桜、メロンパンフェア。5月…子どもが大好きなパン、お母さんありがとう。6月…お父さん大好き。7月…七夕祭り、夏休みを楽しもう。8月…夏バテしないぞ、激辛、激甘のパン。9月…お月見、秋の実り、敬老の日。10月…ハロウィーン、運動会。11月…ワインに合う、紅葉行楽へ行こう。12月…クリスマス、シュトーレンフェア。

フェアで集客アップ！

●クロワッサン「南フランスフェア」

●クロワッサン「クリスマスフェア」

●クロワッサン「春爛漫フェア」

●レ・プレジュール「お花見パンフェア」

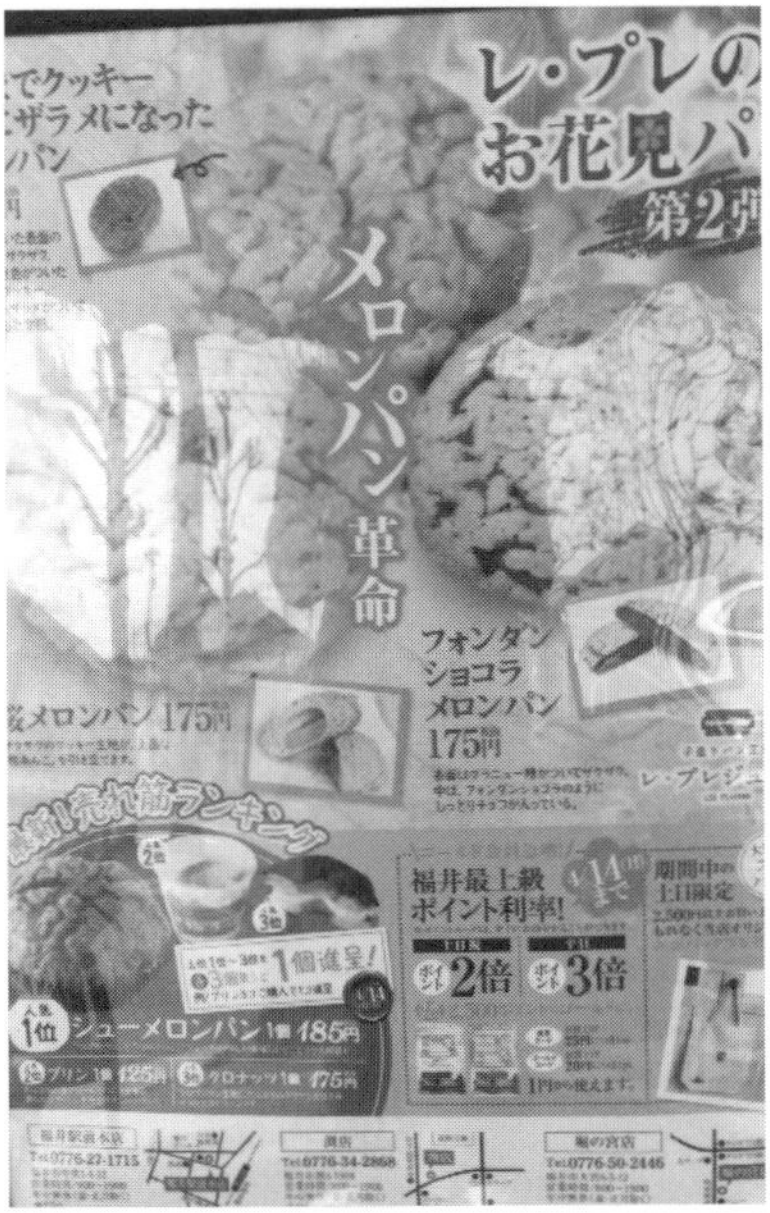

10 固定客づくりのための取り組み

売上を継続的に上げていこう

新規開店を成功させたなら、次は継続して、売上、利益共に上げ続けることが、経営者にとっての喜びです。

そのためには、従業員が育ち、長く共に働いていてくれること、そしてお客様が一生、来店し続けてくださること、この2点が必要です。ここでは、お客様の再来店のための固定客化について考えてみましょう。

売上アップのための販売促進の原理原則に、「3回安定10回固定の法則」というものがあります。この原理原則にしたがい、次のように取り組みましょう。

①売上アップのために、1年に1度はチラシを折り込む。新規客獲得が目的。販促期間は3～5日。

②そのお客様の再来店を目的に、繰り返しご来店いただくための「お得意様カード」と名付けた、割引付きの紙のカードを配る。有効期限は約3ヶ月が目安。これで3ヶ月の間に、繰り返しご来店いただく習慣をつくる。この場合は、毎回の割引が特典となる。

③携帯メールを使う。自店の会員様にメールアドレスをご登録いただき、会員様限定の情報をメールする。その場合は値引、割引の特典に限らず、新商品の先行発売のお知らせや、会員様限定の商品やイベント紹介をして、来店の楽しみを増やす。

「お得意様カード」は、お客様のご来店を待つ形ですが、携帯メールの場合は、お店がお客様のところへお伺いしている感じもあるため、積極的な集客となり、売上アップにつながります。

SNSを活用する方法

いまや、売上アップのツールにSNSは必須です。私のお付き合い先のパン店では、新鮮な商品の情報をどんどん発信して、お客様を集客しています。また、店頭で配布する紙のチラシをホームページにも掲載し、ネットからのご来店につなげています。

また、お店のFacebookも開設し、店頭で告知して、お客様に「いいね！」を押してもらい、友だちになり、そこで情報を流すことで、まるでお店にいるかのような一体感をつくっています。

一度のお客様を一生のお客様としていけるよう情熱を持ち続け、繁盛店をつくってください。

Facebookでお客様とつながろう

100年繁盛店づくりのための『繁盛のたね』CD 無料 プレゼント

本書を最後まで読んでいただき、誠にありがとうございます。
繁盛店づくりの原理原則とその事例を公開している『繁盛のたね』をご活用ください。本書と合わせて、開店準備に既存店の売上・利益アップにお役立てください。

プレゼントの受け取りは、下記のサイトにアクセスして手続きいただくか、FAXでお申し込みください。

http://sizzle-panyasan.com

(株)シズル
藤岡　千穂子

FAXの方は下記項目をご記入のうえ、**06－6889－3570**へFAXください。

氏名：	役職：
住所：〒	TEL：
	FAX：
会社名：	E-mail：
ご質問・ご相談・ご感想をお書きください	

ありがとうございます。

著者略歴

藤岡　千穂子（ふじおか　ちほこ）

株式会社シズル代表取締役、経営コンサルタント。ベーカリーコンサルタント第一人者。

1966年宮崎県生まれ。1986年宮崎聖母幼稚園教諭経験後、ＳＭＩ（サクセス・モチベーション・インスティチュート）販売営業を経て、1988年、船井総合研究所入社。その後2006年に株式会社シズルを創業。“100年繁盛店を創る”をミッションに持つ。開業後も継続して経営をし続けるための店づくりを全面的にサポートしたいと活動中。

コンサルティング活動歴27年で、7000店舗以上の活性化や新店開発の実績がある。活動の基本は、“現場主義”。

国内外の繁盛店を支援し、繁盛店づくりのノウハウには定評がある。お客様の視点に立って、商品、売場、販売を鋭くチェックし、現場でストレートに表現する。難解なマーケティング理論を、事例を豊富に交えて楽しく話し、儲けのコツを、パン職人、パート・アルバイトにまで伝えていくスタイルは、“わかりやすい”と評判。パン業界、飲食業界、その他サービス業全般における、もてなしサービスのトレーニング研修も行ない、“人の活性化”でも成果を上げている。

モットーは、「いつも、ニコニコ・元気」。

問い合わせ先（経営相談・講演依頼など）
〒532-0011　大阪市淀川区西中島1-14-17　アルバート新大阪ビル5F
株式会社シズル
電話 06-6889-3737　FAX 06-6889-3570
E-mail:info@sizzle.co.jp

新版　図解　はじめよう！「パン」の店

平成27年7月29日　初版発行

著　者 —— 藤岡千穂子

発行者 —— 中島治久

発行所 —— 同文舘出版株式会社

東京都千代田区神田神保町1-41　〒101-0051
電話　営業03（3294）1801　編集03（3294）1802
振替00100-8-42935
http://www.dobunkan.co.jp

ISBN978-4-495-53161-4
印刷／製本：三美印刷
Printed in Japan 2015